全国二级造价工程师考试通关红宝书（全国通用）

建设工程造价管理基础知识

建匠教育　编写

中国建筑工业出版社

图书在版编目（CIP）数据

建设工程造价管理基础知识／建匠教育编写．一北京：中国建筑工业出版社，2020.8（2020. 11重印）
全国二级造价工程师考试通关红宝书：全国通用
ISBN 978-7-112-25287-9

Ⅰ. ①建… Ⅱ. ①建… Ⅲ. ①建筑造价管理－资格考试－自学参考资料 Ⅳ. ①TU723.3

中国版本图书馆CIP数据核字（2020）第114920号

本书以“思维导图+图表讲解+视频讲解+练习题”的形式对二级造价师考试知识点进行梳理，标明重难点。章节名称依据考试大纲及教材编制，做到与考试大纲及教材相对应。针对各省不同部分，提供针对性讲解，解决各省考试内容差异问题。本书共七章内容，涵盖教材所涉及的所有知识点，对重点知识点做了详细的讲解，并结合习题对知识点进行巩固。本书实用性强，符合广大考生的实际需求，本书可供全国二级造价师考生复习选用。

责任编辑：李　慧
版式设计：锋尚设计
责任校对：姜小莲

全国二级造价工程师考试通关红宝书（全国通用）
建设工程造价管理基础知识
建匠教育　编写

*

中国建筑工业出版社出版、发行（北京海淀三里河路9号）
各地新华书店、建筑书店经销
北京锋尚制版有限公司制版
北京建筑工业印刷厂印刷

*

开本：787×1092毫米　1/16　印张：13¼　字数：321千字
2020年9月第一版　2020年11月第二次印刷
定价：45.00元
ISBN 978－7－112－25287－9
（36060）

前言

随着建筑业的发展，项目投资更加多元化，建设项目全过程造价管理被广泛推广、应用，在此过程中造价工程师发挥着关键的作用。本书的编写旨在帮助参加二级造价工程师职业资格考试的考生准确地把握考试重点，提高考试的通过率。

本书由建匠教育造价师工程学院精心策划编写，以最新的考试大纲为依据，结合权威的考试信息，提炼大纲中高频考点，遵循循序渐进、各个击破的原则，精心筛选和提炼，去粗取精，编写了《全国二级造价工程师考试通关红宝书（全国通用）》。

本套教材以章为单位，按对应知识点进行划分，以知识点带题的形式进行呈现；打破传统思维，采用归纳总结的方式进行知识点的优化设置，将考核要点的关联性充分体现在表格当中，该设置有利于考生对比区分记忆，该方式大大节省了考生的复习时间和精力。本套教材特点主要体现在以下几个方面：

- **全面性**

本套教材选择重要采分点编排考点，涵盖所有相关可考知识点。并将每一考点所可能会出现的选项都整理呈现，对可能出现的错误选项做详细的说明。让考生完整系统地掌握重要考点。本套教材为各省考生独家定制了定额章节的精品插页，进群可免费领取，并享受内容更新、教师答疑等销后服务。

- **实用性**

本套教材通过表格形式将核心考点归纳为知识清单，通过思维导图将线性流程和逻辑直观展示，帮助考生捋清知识点的脉络，大大节省了备考时间。

- **关联性**

强化练习部分以考点为核心，并以典型例题列举的形式体现，将例题中涉及的知识点进行重点解析，重点阐释各知识点的潜在联系，明示各种题型组合，并且在重要考点后附同步练习题，以便考生巩固学习。

本套教材在编纂过程中引用或参阅了部分机构和专家的教材，在此表示诚挚的感谢！如有引用不当的地方请及时告知我们。衷心希望考生将意见与建议及时反馈给我们，我们将在改版时予以改正。二级造价工程师学习交流群：789409916。

群名称：二级造价工程师学习交流群

群号：789409916

建匠教育造价师工程学院编写组

目录

第一章

工程造价管理相关法律法规与制度

思维导图

第一节 工程造价管理相关法律法规
- 一、《建筑法》及其相关条例
- 二、《招标投标法》及其实施条例
- 三、《政府采购法》及其实施条例
- 四、《合同法》相关内容
- 五、《价格法》相关内容
- 六、最高人民法院司法解释有关要求

第二节 工程造价管理制度
- 一、工程造价咨询企业管理
- 二、造价工程师职业资格管理

第一节 工程造价管理相关法律法规

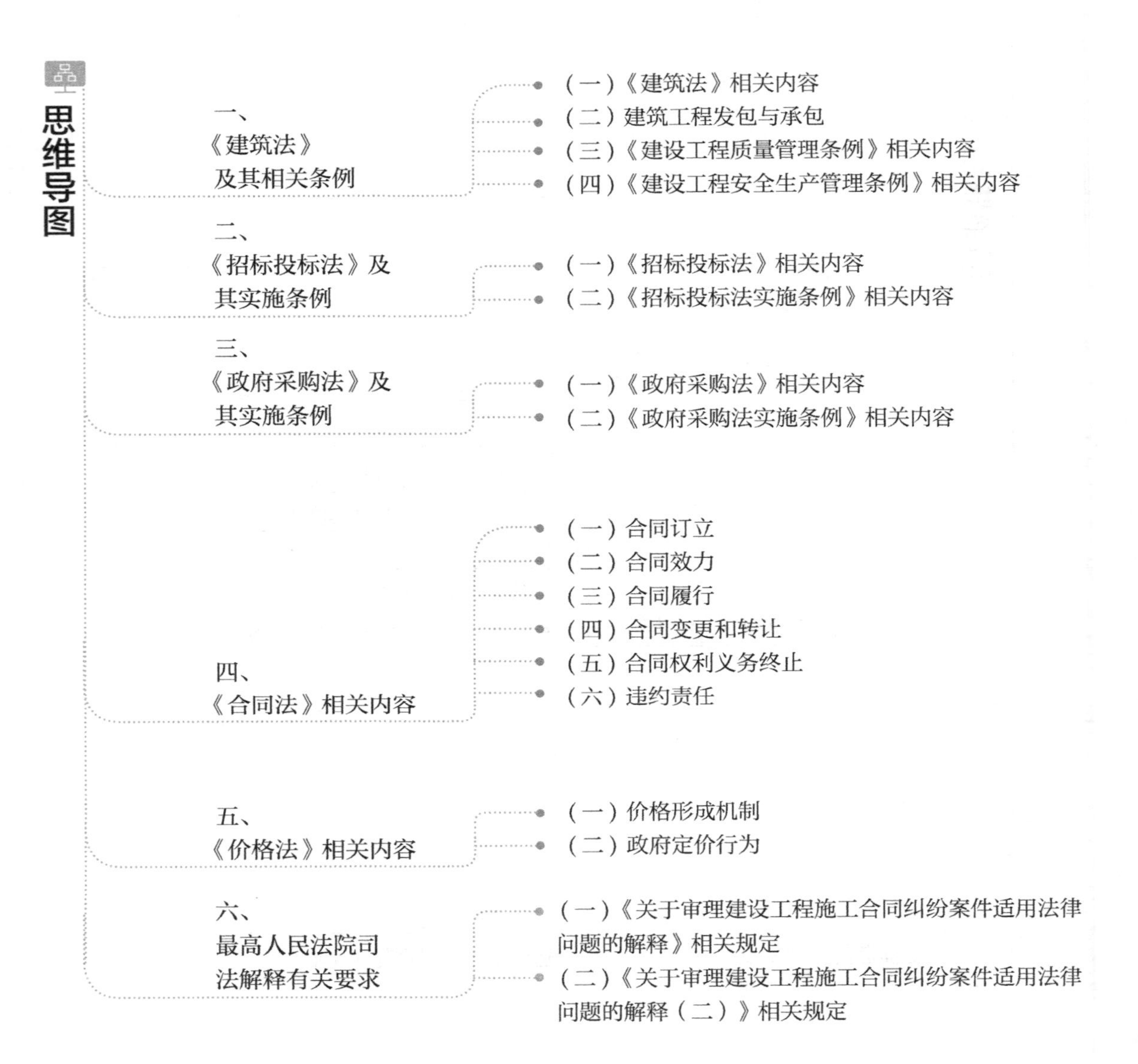

高频考点

一、《建筑法》及其相关条例

（一）《建筑法》相关内容

建筑许可：有**施工许可**和**从业资格**两个方面。

1. 建筑工程施工许可证

申领	时间：开工**前** 申领人：**建设单位** 受理机构：工程所在地**县级**以上人民政府受理，限额以下的小型工程不需要办理
	批准开工报告的工程，**可不再**领取施工许可证
申领条件	①已办理**用地批准**手续；（非用地申请） ②已取得**规划许可证**； ③拆迁**进度符合施工要求**；（**不是拆迁工作已完成**） ④已确定**施工单位**； ⑤**图纸**及技术资料满足需要； ⑥有保证**质量和安全**的具体措施； ⑦建设**资金已经落实**

2. 许可时限（重点）

内容	时间
领取施工许可证后**开工的时间**	**3个月内**
开工**延期**的时间	**3个月（可延期两次）**
中止施工，提出报告的时间	**1个月内**
中止施工后需**核验**施工许可证的	**1年以上**
因故不能开工需**重新办理**开工报告的	**超过6个月**

3. 从业资格

单位资质	施工、勘察、设计和监理单位划分资质等级的依据是：**注册资本、专业技术人员、技术装备、已完成的建筑工程业绩**等资质条件
专业技术人员资格	专业技术人员应持证上岗

（二）建筑工程发包与承包

1. 建筑工程发包

（1）**发包方式**	**招标**发包或**直接**发包
（2）**禁止行为**	①提倡**总承包**，禁止**肢解**发包； ②**勘察、设计、施工、设备采购可**一并发包；（**注：没有监理**） ③发包单位**不得指定**生产厂家、供应商

2. 建筑工程承包

（1）**承包资质**	在资质内承揽工程
（2）**联合承包**	联合体对承包项目**承担连带责任**，联合承包**资质就低**

（3）工程分包	①总包合同之外的分包，须经**建设单位认可**； ②施工总承包的，总承包单位必须**自行完成工程主体结构**
（4）禁止行为	①**禁止转包全部建筑工程**给他人，或**肢解转包**； ②禁止分包给**不具备资质条件**的单位； ③禁止分包单位**再分包**

3．建筑工程监理

（1）国家推行建筑**工程监理制度**；

（2）实施监理前，**建设单位**将（**监理单位、监理的内容及监理权限**）**书面通知**施工企业；

（3）发现**设计不合格**→报告**建设单位**，**让建设单位**要求设计单位改正；认为**施工不合格**→直接要求**施工企业改正**（注：设计不合格，监理无权要求直接改正）

4．建筑工程安全管理

（1）**方针→"安全第一、预防为主"；制度→"安全生产的责任制度**和**群防群治"**；

（2）施工现场安全由**施工企业负责**；

（3）实行总承包的，由**总包单位负责**，**分包**向总包负责，**服从**总包的管理

5．建筑工程质量管理

（1）设计单位**不得指定生产厂家、供应商**；

（2）施工企业**不得擅自**修改设计，工程竣工验收合格后，才可以交付使用

（三）《建设工程质量管理条例》相关内容

1. 建设单位的质量责任和义务	（1）发包给**相应资质等级**的单位； （2）不得**肢解发包和压缩**工期； （3）不得明示或暗示设计或施工单位**违反工程建设强制性标准，降低建设工程质量**	
2. 施工单位的质量责任和义务	（1）工程施工	①必须**按图和技术标准**施工，**不得**修改设计和偷工减料； ②发现设计有差错的，应**及时提出意见和建议**
	（2）质量检验	①须对建筑材料、构配件、设备和商品混凝土检验，检验应有**书面记录和专人签字**； ②未经检验或检验不合格的，**不得**使用
3. 工程监理单位的质量责任和义务	（1）选派**总监和专监**进驻施工现场； （2）监理形式：**旁站、巡视和平行检验**等	

续表

4. 工程质量保修	（1）承包单位出具质量保修书时间：提交工程竣工验收报告时； （2）保修书的内容：保修范围、保修期限和保修责任；起算时间：自竣工验收合格之日起计算
5. 工程竣工验收备案	主体：建设单位； 时间：自工程竣工验收合格之日起15日内； 内容：工程竣工验收报告，规划、公安消防、环保等部门出具的认可文件； 受理单位：建设行政主管部门或其他有关部门

6．建设工程最低保修期限

保修范围和内容	保修期
基础设施、房屋建筑地基基础和主体工程	设计文件规定的该工程的合理使用年限
屋面防水工程、有防水要求的卫生间、房间和外墙面的防渗漏	5年
供热与供冷系统	2个采暖期、供冷期
电气管线、给水排水管道、设备安装和装修工程	2年

（四）《建设工程安全生产管理条例》相关内容

<table>
<tr><td rowspan="3">1. 建设单位的责任</td><td colspan="2">（1）建设单位提供资料，并保证真实、准确、完整</td></tr>
<tr><td colspan="2">（2）不得明示或暗示施工单位购买、租赁、使用不符合安全的施工用品</td></tr>
<tr><td colspan="2">（3）编概算时，明确安全作业环境及施工措施费用。领取施工许可证时，提供工程安全施工措施资料</td></tr>
<tr><td rowspan="4">2. 施工单位的责任</td><td>（1）安全生产责任制度</td><td>①施工单位主要负责人→负全面负责；
②建规章制度和操作规程；
③保证资金投入；
④定期和专项安全检查，并做好检查记录</td></tr>
<tr><td>（2）安全生产管理费用</td><td>应用于安全防护用具及设施的采购和更新、安全施工措施的落实、安全生产条件的改善，不得挪作他用</td></tr>
<tr><td>（3）施工现场安全管理</td><td>①设立安全生产管理机构，配专职安全员；
②安全员发现安全事故隐患，及时向项目负责人和安全生产管理机构报告；
③对违章指挥、违章操作应当立即制止</td></tr>
<tr><td>（4）安全生产教育培训</td><td>①三类人员（主要负责人、项目负责人、专职安全生产管理人员）应考核合格后任职。培训每年至少1次；
②特种作业人员（垂直运输机械作业人员、安装拆卸工、爆破作业人员、起重信号工、登高架设作业人员等）需要持证上岗</td></tr>
</table>

续表

<table>
<tr><td rowspan="9">2. 施工单位的责任</td><td rowspan="7">（5）安全技术措施和专项施工方案</td><td colspan="2">施工单位编制安全技术措施和施工现场临时用电方案</td></tr>
<tr><td rowspan="6">签字要求：施工单位技术负责人、总监签字后实施，由专职安全员现场监督。
口诀（土坑起水磨破脚）</td><td>①基坑支护与降水工程</td></tr>
<tr><td>②土方开挖工程</td></tr>
<tr><td>③模板工程</td></tr>
<tr><td>④起重吊装工程</td></tr>
<tr><td>⑤脚手架工程</td></tr>
<tr><td>⑥拆除、爆破工程</td></tr>
<tr><td colspan="3">深基坑、地下暗挖工程、高大模板工程的专项施工方案，施工单位组织专家进行论证、审查。口诀（深基暗挖高模）</td></tr>
<tr><td>（6）施工现场安全防护</td><td colspan="2">现场暂停施工的，施工单位做好现场防护，所需费用由责任方或按合同约定承担</td></tr>
<tr><td rowspan="4">3. 生产安全事故的应急救援和调查处理</td><td rowspan="2">（1）生产安全事故应急救援</td><td colspan="2">①特大事故应急救援预案→县级以上地方人民政府制定</td></tr>
<tr><td colspan="2">②施工单位→制订本单位的应急救援预案</td></tr>
<tr><td rowspan="2">（2）生产安全事故调查处理</td><td colspan="2">①发生生产安全事故，由施工单位向安全生产监督管理的部门、建设行政主管部门报告</td></tr>
<tr><td colspan="2">②实行总承包的，由总包单位负责上报</td></tr>
</table>

二、《招标投标法》及其实施条例

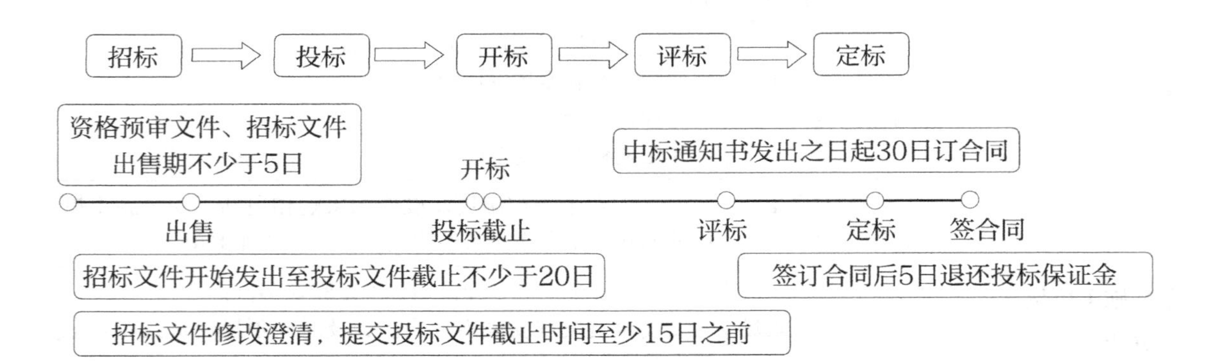

（一）《招标投标法》相关内容

必须进行招标的工程建设项目有：

（1）**大型基础、公用事业**

（2）**国有资金**或**国家融资**的项目

（3）**国际组织或者外国政府援建**（注：非外国企业）

1．招标

（1）招标条件和方式	1）招标条件		①**先履行**项目审批手续，取得批准； ②**资金来源已落实**； ③**不得指定**招标代理机构； ④招标人可**自行办理**招标事宜
	2）招标方式	公开招标	①载明招标人的**名称和地址**，招标项目的**性质**、**数量**、**实施地点和时间**以及获取招标文件的办法； ②**不得以不合理的条件限制或者排斥**潜在投标人，**不得实行歧视**待遇
		邀请招标	
（2）招标文件	**澄清或者修改**时间：在**投标截止时间至少**15日前。**书面**通知**所有购买招标文件的单位**		
（3）其他规定	标底必须保密； 依法必须进行招标的项目时间：自招标文件开始**发出**之日起至**投标文件截止**之日止≥20日		

2．投标

（1）投标文件	1）投标条件内容	①按**要求编制**投标文件。对招标文件**实质性要求**和条件**作出响应**； ②如准备**分包非主体**、**非关键工程**，应在投标文件中**载明**
	2）投标文件送达	①应在**截止时间前**，送达投标地点； ②招标人开标前**不得开启**投标文件； ③投标人少于**3个**的，应**重新**招标； ④**截止时间后**送达的投标文件，**拒收**
（2）联合投标	①联合体，**各方应均具备**承担项目的能力，以**一个投标人**的身份共同投标； ②联合体签订**共同投标协议**，连同投标文件**一并提交**； ③中标后，联合体各方**共同**与招标人签订合同，承担**连带责任**	
（3）其他规定	①**不得串通投标报价**； ②不得与招标人串通投标； ③不得**以低于成本**的报价竞标； ④不得**以他人名义投标或其他弄虚作假，骗取中标**； ⑤**禁止行贿招标人**谋取中标	

3．开标、评标和中标

（1）开标	①**招标人**主持。时间：**投标截止时间**，地点：招标文件中**预先确定的**地点公开进行； ②邀请**所有投标人**参加开标

续表

（2）评标	1）中标人的投标应当符合下列条件之一	①**最大限度**满足综合评价标准 ②满足实质性要求的前提下，**报价最低但不能低于成本**
	2）评标委员会认为所有投标**都不符合**招标要求的，可**否决**全部投标	
	3）评标委员会完成评标后，提出书面评标报告并**推荐**中标候选人。直接确定中标人**须经招标人授权**	
	4）确定中标人前，招标人与投标人不得就**投标价格**、**投标方案**等实质性内容进行谈判	
（3）中标	①招标人发中标通知书，**同时**将中标结果**通知所有**投标人； ②合同签订：自中标通知书发出之日起30日内订立；**不得再订立背离合同实质性**内容的其他协议； ③需**提交履约保证金**的，中标人应当**提交**	

（二）《招标投标法实施条例》相关内容

1．招标

（1）招标范围和方式

1）可以邀请招标	①技术**复杂**、**有特殊**要求、受**自然环境**限制，只有少量潜在投标人；（人少） ②公开招标费用占合同总金额**比例过大**（花钱多）
2）可以不进行招标	①**不可替代专利**或**专有**技术； ②依法能够**自行建设**、生产或提供； ③特许经营人依法能够**自行建设**、**生产或提供**； ④需向**原中标人**采购工程、货物或者服务，否则影响施工或者功能配套要求

（2）招标文件与资格审查

资格预审公告和招标公告	①发售期≥5日； ②发售资格预审/招标文件收取的费用应限于**补偿印刷、邮寄的成本支出**，**不得以营利**为目的； ③对**资格预审文件**有异议的提出时间→在提交资格预审申请文件截止时间2日前；对**招标文件有异议**的提出时间→在投标截止时间10日前提出； ④收到异议之日起**3日内招标人**作出答复；**作出答复前，应当暂停招标投标活动**
资格预审	提交资格预审申请文件的时间→自**停止发售**之日起≥5日
	通过资格预审的申请人**少于3个**的，应重新招标
	澄清或者修改可能影响申请文件及投标文件编制的，招标人应在提交资格预审申请文件截止时间**至少3日前**，或投标截止时间**至少15日前**，**书面通知**所有潜在投标人
	不满足截止时间的，招标人应**顺延**提交截止时间

（3）招标工作实施

1）禁止投标限制	不合理条件限制、排斥潜在投标人或投标人情形	①提供有差别的项目信息； ②设定的资格、技术、商务条件与项目不相适应或与合同履行无关； ③以特定行政区域或特定行业的业绩、奖项作为加分或中标条件；（全国性的业绩奖项可以） ④采取不同的资格审查或评标标准； ⑤限定或指定特定的专利、商标、品牌、原产地或供应商； ⑥非法限定投标人所有制形式或组织形式； ⑦其他（如：组织个别投标人踏勘现场）
2）总承包招标	必须招标且达到国家规模标准的（以暂估价形式包括在总承包范围内）项目，应依法进行招标	
3）两阶段招标	适用于：技术复杂或者无法精确拟定技术规格的项目	第一阶段：提交不带报价的技术建议
		第二阶段：提交最终技术方案和投标报价的投标文件及投标保证金
4）投标有效期	与投标保证金有效期一致	
5）投标保证金	不大于项目估算价的2%（非投标报价）	
6）标底及最高投标限价	①标底是否编制，招标人可自行决定； ②一个项目只有一个标底，标底必须保密； ③应明确最高投标限价或其计算方法。不得规定最低投标限价	

2．投标

（1）投标规定

1）投标人应在投标截止时间前撤回投标文件，并书面通知招标人。招标人收到撤回通知之日起，5日内退投标保证金；

2）投标截止时间后撤回投标文件的，不退投标保证金；

3）拒收投标文件的三种情况：未通过资格预审的、逾期送达的、不按照招标文件要求密封的投标文件（注：拒收只有这三种情况）；

4）资格预审后联合体增减、更换成员的，其投标无效；

5）同一招标项目中，联合体各方以自己名义投标或参加其他联合体投标的，其投标无效

（2）属于串通投标和弄虚作假的情形

1）投标人相互串通投标	属于串标（事实存在）	①投标人之间协商投标报价； ②投标人之间约定中标人； ③投标人之间约定放弃投标或者中标； ④属于同一集团、协会、商会等按照该组织要求协同投标； ⑤投标人之间排斥其他投标人的联合行动

续表

1）投标人相互串通投标	视为串标（主观判断，不一定是事实）	①不同投标人的文件由同一单位或个人编制； ②不同投标人委托同一单位或个人办理投标事宜； ③不同投标人的文件中项目管理成员为同一人； ④不同投标人的文件异常一致或报价呈规律性差异； ⑤不同投标人的文件相互混装； ⑥不同投标人的投标保证金从同一单位或个人的账户转出
2）招标人与投标人串通投标	①开标前泄露有关信息给其他投标人； ②向投标人泄露标底、评标委员会成员等信息； ③明示/暗示投标人压低或者抬高投标报价； ④授意投标人撤换、修改投标文件； ⑤明示/暗示为特定投标人中标提供方便； ⑥其他串通行为	
3）弄虚作假（全是假的）	①许可证件伪造、变造； ②财务状况或者业绩虚假； ③人员简历、劳动关系证明虚假； ④提供的信用状况虚假； ⑤其他弄虚作假的行为	

3．开标、评标和中标

（1）开标	1）招标人按规定的时间、地点开标； 2）投标人少于3个的，不得开标；应重新招标	
（2）评标	1）1/3以上评标委员会认为评标时间不够的，应适当延长； 2）标底应在开标时公布； 3）标底只作为参考，不得以报价是否接近标底或报价超过标底上下浮动范围作为决定中标与否的条件	
（3）投标否决	评标委员会应否决投标的情形	1）未经单位盖章和单位负责人签字（盖章签字同时具备）； 2）联合体未提交共同投标协议； 3）投标人不符合规定的资格条件； 4）同一投标人提交两个以上不同的投标文件或报价（招标文件要求提交的除外）； 5）报价低于成本或高于最高投标限价； 6）未对招标文件做出实质性响应； 7）串通投标、弄虚作假、行贿等违法行为
（4）投标文件澄清	1）评委员书面通知投标人对含义不明确的内容、明显文字或者计算错误，作出必要澄清、说明	
	2）澄清、说明用书面形式，不得超出范围或改变投标文件实质内容	
（5）中标	1）中标候选人≤3个，并标明排序； 2）招标人收到评标报告3日内公示中标候选人，公示期≥3日； 3）书面合同签订后5日内退还所有投标人投标保证金及银行同期存款利息； 4）履约保证金≤10%中标合同金额的	

4．投诉与处理

（1）投诉	时间：自知道或者应当知道之日起10日内
（2）处理	收到投诉之日起3个工作日内决定是否受理，并自受理投诉之日起30个工作日（不包括检验、检测、鉴定、专家评审所需的时间）内作出书面处理决定

三、《政府采购法》及其实施条例

（一）《政府采购法》相关内容

1．政府采购当事人

1. 纳入集中采购目录内项目→必须委托集中采购机构代理采购；
2. 未纳入目录的→可自行也可委托采购；
3. 采购人不得以不合理的条件对供应商实行差别或歧视待遇；
4. 一个联合体以一个供应商的身份共同参加政府采购

2．政府采购方式

（1）公开招标	应当采用公开招标方式的项目，具体数额标准： 1）中央预算→由国务院规定；地方预算→省、自治区、直辖市级人民政府定 2）公开招标以外的采购方式→在采购活动开始前获得→市、自治州以上人民政府采购监督管理部门的批准	
（2）邀请招标	可采用邀请招标采购的情形	1）费用过少：具有特殊性，供应商范围有限； 2）费用过大：公开招标方式的费用占项目总价值的比例过大
（3）竞争性谈判	可采用竞争性谈判方式采购的情形	1）招标后无供应商投标或无合格标的或重新招标未成立的； 2）不能确定详细规格或具体要求的； 3）采用招标时间过长不能满足用户紧急需要的； 4）无法事先计算出价格总额的
（4）单一来源采购	采用单一来源方式采购情形	1）唯一供应商； 2）发生不可预见的紧急情况，其他供应商处采购不能提供的； 3）需继续从原供应商处添购，且添购资金总额≤原合同采购金额的10%
（5）询价	适用范围：货物规格、标准统一、现货货源充足且价格变化幅度小	

3．政府采购合同

采用书面形式。采购人补充合同的采购金额≤原合同采购金额的10%

（二）《政府采购法实施条例》相关内容

<table>
<tr><td>1. 政府采购方式</td><td colspan="2">（1）适合实行批量集中采购的→批量集中采购（紧急的小额零星货物项目和有特殊要求的服务、工程项目除外）；
（2）政府采购工程依法不进行招标的→可采用竞争性谈判或者单一来源采购方式采购</td></tr>
<tr><td rowspan="4">2. 政府采购程序</td><td rowspan="2">（1）招标文件</td><td>期限：自招标文件开始发出之日起≥5个工作日</td></tr>
<tr><td>澄清或修改的时间：投标截止时间至少15日前，以书面形式通知所有投标人；不足15日顺延截止时间</td></tr>
<tr><td>（2）投标保证金</td><td>投标保证金≤采购项目预算金额的2%</td></tr>
<tr><td>（3）评标程序</td><td>1）评标方法：最低评标价法和综合评分法；
2）技术、服务等标准统一的货物和服务项目，采用最低评标价法；
3）综合评分法分值设置应与评审因素量化指标相对应；
4）招标文件中没有规定的评标标准不得作为评审的依据</td></tr>
<tr><td>3. 政府采购合同</td><td colspan="2">履约保证金的数额≤政府采购合同金额的10%</td></tr>
</table>

四、《合同法》相关内容

（一）合同订立

<table>
<tr><td>1. 合同形式和合同的内容</td><td colspan="2">合同有书面形式、口头形式和其他形式。建设工程合同→书面形式</td></tr>
<tr><td rowspan="5">2. 合同订立的程序</td><td colspan="2">订立合同需经过要约和承诺两阶段（没有要约邀请）</td></tr>
<tr><td rowspan="4">要约</td><td>（1）要约及其有效条件
1）要约：希望和他人订立合同的意思表示；
2）要约符合条件：①内容具体确定；②表明经受要约人承诺。
要约必须是特定人的意思表示，以缔结合同为目的，具备合同的主要条款</td></tr>
<tr><td>要约邀请（不是合同成立过程中的必经过程）：如价目表、拍卖公告、招标公告、招股说明书、商业广告等为要约邀请（注意例子）。
若商业广告的内容符合要约规定的，视为要约</td></tr>
<tr><td>要约生效：到达受要约人时生效</td></tr>
<tr><td>（2）要约的撤回和撤销：
1）撤回：在要约到达受要约人之前或与要约同时到达（要约未生效）；
2）撤销：应在受要约人发出承诺通知之前到达受要约人（要约生效）。
3）要约不得撤销情形：
①要约人确定了承诺期限或明示要约不可撤销；
②受要约人有理由相信要约不可撤销，并已经为履行合同作了准备工作</td></tr>
</table>

续表

2. 合同订立的程序	要约	（3）**要约的失效情形：** ①拒绝要约的通知到达要约人； ②要约人依法撤销； ③承诺期限届满，**受要约人**未作出承诺； ④**受要约人**对要约内容作出实质性变更
	承诺	**承诺是受要约人同意要约的意思表示**
		（1）**承诺的期限：** 以信件或者电报作出的要约→自**信件载明的日期或电报交发之日开始计算**。信件未载明日期的→投寄**邮戳日期**开始计算
		（2）**承诺的生效：**承诺通知到达要约人时生效
		（3）**承诺的撤回：** 应当在承诺通知到达**要约人之前**或者与承诺通知**同时**到达要约人
		（4）**逾期承诺：** 受要约人**超过承诺期限**发出承诺（**除**要约人及时通知受要约人该承诺有效以外）为**新要约**
		（5）**要约内容的变更：** 要约实质性变更的内容：标的、数量、质量、价款或报酬、履行期限、履行地点和方式、违约责任和解决争议方法。对内容作出实质性变更的，为新要约
3. 合同的成立	**承诺生效时合同成立。**	
	（1）采用**合同**形式→自双方**签字或者盖章时**合同成立； （2）采用**合同书**形式→自双方**签字或者盖章的地点**为合同成立的地点	
	格式条款无效	**情形：**提供格式一方**免除自己责任、加重对方责任、排除对方主要权利的**
	格式条款的解释	1）发生争议时，按**通常理解**予以解释； 2）有**两种以上解释的**→作出**不利于提供格式条款一方**的解释； 3）格式条款和非格式条款**不一致的**→采用**非格式条款**
4. 缔约过失责任（合同签订之前）	构成条件	1）当事人**有过错**； 2）**发生损害后果**； 3）行为与损失**有因果关系**
	承担损害赔偿责任的情形： （1）假借订立合同，**恶意**磋商； （2）**故意隐瞒**重要事实或者提供虚假情况； （3）**违背“诚实信用”**原则； （4）泄露商业机密或不正当使用	

（二）合同效力

1. 合同生效	定义	合同成立的判断依据：**承诺是否生效**
	时间	**自成立时生效**
2. 效力待定合同（无交易资格）	（1）限制民事行为能力人订立的合同	1）经法定代理人**追认**，该合同**有效**。（**追认有效期1个月**） 2）特殊情况：①**纯获利益合同**（接受**奖励**、**赠与**等）；②与其**年龄**、**智力**、**精神健康状况**相适应的合同，**不必经追认**即为有效合同
	（2）无权代理人代订的合同	包括：行为人**无代理权**、**超越代理权**或**代理权终止**后仍以被代理人的名义订立的合同。 1）催告在**1个月内**予以追认，被代理人**未作表示**的，视为**拒绝**追认； 2）**表见代理**（**无权代理，合同有效**）； 3）**超越权限**订立的合同的效力（除相对人知道或者应当知道其超越权限的以外），该代表行为**有效**（**即：法人超越权限签订的合同为有效合同**）； 4）**无处分权的人**处分他人财产合同的效力。经权利人**追认**或无处分权人订立合同后**取得处分权的，有效**
3. 无效合同（违法）	（1）自始至终合同无效	1）欺诈、胁迫订立合同，损害国家利益； 2）恶意串通，损害国家、集体或第三人利益； 3）以合法形式掩盖非法目的； 4）损害社会公共利益； 5）违反法律、行政法规
	（2）合同部分条款无效	1）造成对方**人身伤害**的； 2）**故意**或**重大过失**造成对方财产损失的
4. 可变更或者撤销合同	（1）情形	1）因重大**误解**订立的；2）在订立合同时**显失公平**的
	（2）撤销权的消灭	1）自知道或者应当知道撤销事由之日起**1年**内没有行使撤销权； 2）**明确表示或以自己的行为放弃**撤销权
	（3）法律后果	1）无效或被撤销的合同：**自始**无效； 2）合同部分无效，**不影响**其他部分效力的； 3）合同无效、被撤销或者终止的，不影响有关**解决争议**方法的条款的效力； 4）合同无效或被撤销后，应终止履行；**尚未履行的，不得履行**； 5）财产处理：①**返还财产**或**折价补偿**；②**赔偿损失**；③**收归国家所有**或者**返还集体、第三人**

（三）合同履行

1. 合同履行原则

（1）全面履行原则	按合同约定履行义务，不得擅自变更
（2）诚实信用原则	1）及时通知义务； 2）提供必要条件和说明的义务； 3）协助义务； 4）保密义务

2. 合同履行的一般规定

无约定或者约定不明确的→协议补充；不能协议补充的→按**有关条款或者交易习惯确定**。

依照上述规定仍不能确定的，适用下列规定：

<table>
<tr><td colspan="3">（1）质量要求不明确的→按国家标准、行业标准履行；无国家、行业标准的→按通常标准或特定标准履行</td></tr>
<tr><td rowspan="4">（2）价款或者报酬不明确的→按订立合同时履行地的市场价格履行（记：交付就低）</td><td rowspan="2">1）逾期交付</td><td>①价格上涨时，按原价</td></tr>
<tr><td>②价格下降时，按新价</td></tr>
<tr><td rowspan="2">2）逾期提取或逾期付款的</td><td>①遇价格上涨时，按新价</td></tr>
<tr><td>②价格下降时，按原价</td></tr>
<tr><td colspan="3">（3）给付货币的→在接受货币一方所在地履行；交付不动产的→在不动产所在地履行；其他标的→在履行义务一方所在地履行</td></tr>
<tr><td colspan="3">（4）期限不明确：在给对方必要的准备时间前提下，可随时（要求）履行</td></tr>
<tr><td colspan="3">（5）方式不明确：有利于实现合同目的的方式履行</td></tr>
<tr><td colspan="3">（6）费用的负担不明确：由履行义务方负担</td></tr>
</table>

3. 合同履行过程中几种特殊情况的处理

提前或迟延履行属于违约行为。债权人可拒绝债务人提前履行债务。债务人承担因提前履行给债权人增加的费用。

（四）合同变更和转让

1. 合同变更（内容变）

（1）协议变更	变更合同须进行**批准、登记手续**
（2）法定变更	**法定变更不必征得**对方同意；但变更请求**须向人民法院或者仲裁机构**提出

2．合同转让（主体变）

（1）债权转让	债权人可将合同的**权利全部或者部分转让给第三人；债权转让，债权人应当通知债务人，通知不得撤销**	
	三种不得转让的债权	①根据**合同性质不得转让**； ②按照**当事人约定**不得转让； ③依照**法律规定**不得转让
（2）债务转移	**应当经债权人同意**，债务人才能转移	
（3）权利义务的概括转让	**经对方同意**，权利和义务可一并转让	

（五）合同权利义务终止

1．合同权利义务终止的原因

合同权利义务终止情形：

（1）**债务已经按照约定履行**	（2）**合同解除**	（3）**债务相互抵消**	（4）**债务人依法将标的物提存**
（5）**债权人免除债务**	（6）**债权债务同归于一人**	（7）**法律规定或者当事人约定终止的**	

债权和债务同归于一人的，除**涉及第三方利益**的之外，合同的权利义务终止，**不影响**合同中**结算和清理条款的效力**。

2．合同解除

仅适用于有效合同。

3．标的物的提存

债务人可以将标的物提存情形：

（1）债权人以**不正当理由拒绝**受领	（2）债权人**下落不明**
（3）债权人**死亡**未确定继承人或**丧失民事行为**能力**未确定监护人**	（4）法律规定的**其他**情形

债权人领取提存物的权利期限：**5年**，超过该期限，提存物**扣除提存费用**后**归国家**所有。

（六）违约责任

1．主要特点

（1）以**有效合同**为前提	（2）以**违反合同义务**为要件
（3）可由当事人在**法定范围内**约定	（4）是一种**民事赔偿**责任

2．违约责任的承担

（1）继续履行	是首选方式
（2）采取补救措施	标的物的质量不符合约定，按照当事人的约定承担违约责任
（3）赔偿损失	当事人一方违约后，对方应采取**适当措施防止损失**的扩大；如未采取，**不得就扩大**的损失要求赔偿。当事人因防止损失扩大而支出的合理费用，由违约方承担
（4）违约金	约定的**低于**损失的，可请求**增加**；约定的**过分高于**损失的，可请求**减少**
（5）定金	**给付**一方**不履行义务，无权要求**返还定金；**收受**一方**不履行**，应**双倍返还**定金

当事人既约定违约金，又约定定金的，一方违约时，**对方可任选其一**

1．和解与调解	**最常用和有效方式**
	调解（经过第三者的说服与劝解）合同当事人**自愿**达成协议
	调解有**民间调解、仲裁机构调解和法庭调解**三种
2．仲裁	（1）仲裁和诉讼，只能任选其一
	（2）根据合同中的仲裁条款或事后达成的**书面仲裁协议**，提交仲裁机构
	（3）仲裁裁决具**有法律约束力**。一方不执行的，另一方可**申请**有管辖权的人民法院**强制执行**
	（4）**裁决作出后**，当事人就同一争议**再申请**仲裁或向人民法院起诉的，不予受理
	（5）对仲裁协议效力**有异议的**，可请求仲裁机构决定或人民法院裁定
3．诉讼	**适用情形：** （1）不愿和解或调解的； （2）和解或调解未解决问题的； （3）无订立仲裁协议或协议无效的； （4）仲裁裁决依法撤销或不予执行的
	诉讼的主体→**人民法院**
	一般的合同争议→由**被告住所地或合同履行地**人民法院管辖。**建设工程施工合同→施工行为地**为合同履行地

五、《价格法》相关内容

（一）价格形成机制

（1）市场调节价；（2）政府指导价；（3）政府定价。

（二）政府定价行为

政府指导价或政府定价适用范围：

（1）**重大的极少数**、资源**稀缺的少数**、**自然垄断**经营的商品价格	（2）重要的**公用事业、公益性**服务价格
实行合理的：**购销差价、批零差价、地区差价、季节差价**	制定公用事业、公益性服务、自然垄断商品价格时，应建立**听证会**制度

六、最高人民法院司法解释有关要求

（一）《关于审理建设工程施工合同纠纷案件适用法律问题的解释》相关规定

<table>
<tr><td rowspan="2">1. 无效合同的价款结算</td><td colspan="2">合同无效，但经竣工验收合格，支持承包人请求支付工程价款</td></tr>
<tr><td>合同无效，且竣工验收不合格的</td><td>1）修复后合格的，支持；
2）修复后仍不合格的，不予支持</td></tr>
<tr><td rowspan="4">2. 工程价款利息支付</td><td colspan="2">当事人有约定的，按约定；无约定的，按中国人民银行的同期同类贷款利率计算</td></tr>
<tr><td>无效合同</td><td>1）有约定的，支持承包人请求按约定返还垫资及利息（高于中国人民银行的同期同类贷款利率的部分除外）；
2）没有约定，承包人请求支付利息的，不予支持</td></tr>
<tr><td colspan="2">利息从应付工程价款之日计付</td></tr>
<tr><td>当事人对付款时间没有约定或者约定不明的，下列时间视为应付款时间</td><td>1）工程已实际交付的，为交付之日；
2）工程未交付的，为提交竣工结算文件之日；
3）工程未交付，价款也未结算的，为当事人起诉之日</td></tr>
<tr><td>3. 工程竣工日期确定</td><td colspan="2">（1）竣工验收合格的→以竣工验收合格之日计；
（2）承包人已提交竣工验收报告→发包人拖延验收的，以承包人提交验收报告之日计；
（3）工程未经竣工验收→发包人擅自使用的，以转移占有建设工程之日计</td></tr>
<tr><td>4. 计价标准与方法确定</td><td colspan="2">（1）有约定的，按照约定结算工程价款；
（2）因设计变更导致变化，不能协商一致的，参照签订施工合同时当地的计价标准或者计价方法结算</td></tr>
<tr><td>5. 工程量确定</td><td colspan="2">（1）对工程量有争议的→按签证等书面文件确认；
（2）承包人能够证明发包人同意其施工，但未能提供签证文件→按照当事人提供的其他证据确认实际发生的工程量</td></tr>
<tr><td>6. 工程价款结算</td><td colspan="2">（1）施工合同与备案的中标合同不一致的，以备案的中标合同为依据结算工程价款；
（2）当事人约定按固定价结算的，一方请求对造价进行鉴定的，不予支持</td></tr>
</table>

（二）《关于审理建设工程施工合同纠纷案件适用法律问题的解释（二）》相关规定

1. 开工日期争议确定	（1）开工日期→**开工通知载明**的日期； （2）**尚不具备开工条件的→以开工条件具备**的时间计； （3）**承包人原因**导致开工推迟的→以**开工通知载明**的时间计； （4）经发包人同意**实际进场**施工的→以**实际进场施工时间**计； （5）**未发出开工通知，亦无法证明实际开工日期的→综合考虑并结合是否具备开工条件**认定
2. 合同约定与投标文件等不一致	人民法院支持以**招标文件、投标文件、中标通知书**作为**结算工程价款**依据
3. 已经达成结算协议请求鉴定的处理	**诉讼前**已达成**协议**的，一方再申请对造价鉴定的，**不予准许**
4. 咨询意见的效力	除双方明确表示受咨询意见约束外，一方当事人**不认可**申请鉴定的，人民法院应予**准许**
5. 鉴定意见的效力	经质证认为**不能作为鉴定依据**的，根据该材料做出的鉴定意见**不得作为认定案件事实的依据**

强化练习

1 根据《建筑法》，设计文件中选用的建筑材料、建筑构配件和设备，应当注明（　　）。

A. 生产厂家　　B. 市场价格　　C. 规格、型号　　D. 保修期限

【答案】C

【解析】《建筑法》规定，设计单位在设计文件中选用的建筑材料、建筑构配件和设备，应当注明规格、型号、性能等技术指标，其质量要求必须符合国家规定的标准。除有特殊要求的建筑材料、专用设备、工艺生产线等外，设计单位不得指定生产厂家、供应商。

2 根据《建设工程质量管理条例》，下列关于工程最低保修期限的说法正确的是（　　）。

A. 基础设施工程5年　　B. 屋面防水工程3年

C. 供热与供冷系统，为5个采暖期　　D. 设备安装和装修工程，为2年

【答案】D

【解析】

保修范围和内容	保修期
基础设施工程、房屋建筑的地基基础工程和主体工程	设计文件规定的该工程的合理使用年限
屋面防水工程、有防水要求的卫生间、房间和外墙面的防渗漏	5年
供热与供冷系统	2个采暖期、供冷期
电气管线、给水排水管道、设备安装和装修工程	2年

3 **根据《招标投标法实施条例》，国有资金占控股或者主导地位的依法必须进行招标的项目，可以邀请招标的情形是（　　）。**

A．需要向原中标人采购工程、货物或者服务　　B．受自然环境限制

C．需要采用不可替代的专利　　D．采购人依法能够自行建设

【答案】B

【解析】国有资金占控股或者主导地位的依法必须进行招标的项目可以邀请招标情形：①技术复杂、有特殊要求或者受自然环境限制，只有少量潜在投标人可供选择；②采用公开招标方式的费用占项目合同金额的比例过大。

4 **下列属于合同约定解除条件的是（　　）。**

A．因不可抗力致使不能实现合同目的

B．在履行期限届满之前，当事人一方明确表示或者以自己的行为表明不履行主要债务

C．当事人协商一致，可以解除合同

D．当事人一方迟延履行主要债务，经催告后在合理期限内仍未履行

【答案】C

【解析】合同约定解除的条件：

（1）当事人协商一致，可以解除合同；

（2）当事人可以约定一方解除合同的条件。解除合同的条件成立时，解除权人可以解除合同。

5 **根据《招标投标法实施条例》，投标保证金有效期截止日应当为（　　）。**

A．投标截止时间　　B．投标截止日后20天

C．投标有效期截止日　　D．与中标人订立合同之日

【答案】C

【解析】投标保证金有效期应当与投标有效期一致。

6 **根据《合同法》，可撤销合同是指（　　）的合同。**

A．因重大误解订立　　B．当事人恶意串通损害第三方利益所订立

C．造成对方人身伤害　　D．以合法形式掩盖非法目的

【答案】A

【解析】当事人一方有权请求人民法院或者仲裁机构变更或者撤销的合同有：（1）因重大误解订立的；（2）在订立合同时显失公平的。一方以欺诈、胁迫的手段或者乘人之危，使对方在违背真实意思的情况下订立的合同，受损害方有权请求人民法院或者仲裁机构变更或者撤销。

7 **根据《合同法》规定，具有撤销权的当事人自知道或者应当知道撤销事由之日起（　　）内没有行使撤销权的，撤销权消灭。**

A．半年　　B．1年　　C．2年　　D．3年

【答案】B

【解析】本题考查的是合同效力。《合同法》规定，具有撤销权的当事人自知道或者应当知道撤销事由之日起1年内没有行使撤销权的，撤销权消灭。

8 根据《合同法》，下列变更中属于新要约的是（　　）的变更。

A．要约确认方式　　B．合同文件寄送方式

C．合同履行地点　　D．承诺生效地点

【答案】C

【解析】有关合同标的、数量、质量、价款或者报酬、履行期限、履行地点和方式、违约责任和解决争议方法等的变更，是对要约内容的实质性变更。受要约人对要约的内容作出实质性变更的，为新要约。

9 下列情形属于招标人与投标人串标的是（　　）。

A．投标人之间为谋取中标或者排斥特定投标人的行动

B．招标人明示或者暗示投标人压低或者抬高投标报价

C．不同投标人的投标文件相互混装

D．投标人提供虚假的财务状况或者业绩

【答案】B

【解析】有下列情形之一的，属于招标人与投标人串通投标：

（1）招标人在开标前开启投标文件并将有关信息泄露给其他投标人；

（2）招标人直接或者间接向投标人泄露标底、评标委员会成员等信息；

（3）招标人明示或者暗示投标人压低或者抬高投标报价；

（4）招标人授意投标人撤换、修改投标文件；

（5）招标人明示或者暗示投标人为特定投标人中标提供方便。

10 为使要约不生效，要约人可以发出撤销通知，该通知能够产生效力的条件是（　　）。

A．要约人接到承诺通知之前发出要约撤销通知

B．受要约人发出承诺通知之前收到要约撤销通知

C．要约人发出的要约通知中已明确规定承诺期限

D．受要约人发出承诺通知的同时，收到要约撤销的通知

E．要约人发出的要约通知中未明确承诺期限

【答案】BE

【解析】《合同法》第十八条：要约可以撤销。撤销要约的通知应当在受要约人发出承诺通知之前到达受要约人。

第二节　工程造价管理制度

思维导图

- 一、工程造价咨询企业管理
  - （一）工程造价咨询企业资质等级标准
  - （二）工程造价咨询企业业务承接
  - （三）工程造价咨询企业法律责任
- 二、造价工程师职业资格管理
  - （一）注册
  - （二）执业

一、工程造价咨询企业管理

（一）工程造价咨询企业资质等级标准

工程造价咨询企业资质等级分为**甲级、乙级**。

<table>
<tr><td rowspan="2">资质标准</td><td>甲：已取得乙级资质满3年</td><td rowspan="9">人员要求</td><td rowspan="3">技术负责人</td><td colspan="2">基本要求：造价师、高级职称</td></tr>
<tr><td>乙：无要求</td><td rowspan="2">工作年限</td><td>甲≥15年</td></tr>
<tr><td rowspan="2">出资人（额）</td><td>甲≥60%</td><td>乙≥10年</td></tr>
<tr><td>乙≥60%</td><td rowspan="2">专职人员</td><td colspan="2">甲≥20人</td></tr>
<tr><td rowspan="2">注册资本</td><td>甲≥100万元</td><td colspan="2">乙≥12人</td></tr>
<tr><td>乙≥50万元</td><td rowspan="2">中级职称</td><td colspan="2">甲≥16人</td></tr>
<tr><td rowspan="2">营业收入</td><td>甲≥500万元</td><td colspan="2">乙≥8人</td></tr>
<tr><td>乙：暂定期内≥50万元</td><td rowspan="2">造价师</td><td colspan="2">甲≥10人</td></tr>
<tr><td colspan="2">人均办公面积：甲、乙≥10m²</td><td colspan="2">乙≥6人</td></tr>
<tr><td rowspan="2">违规要求</td><td>甲：申请核定资质前3年内无违规</td><td colspan="4" rowspan="2">其他：
（1）有劳动合同，年龄符合规定
（2）人事档案关系由人事代理机构代管
（3）办理养老保险
（4）档案、质量、财务三制度</td></tr>
<tr><td>乙：申请核定资质之日前无违规</td></tr>
</table>

★【记忆技巧】

（1）甲级企业人员要求：速记口诀：**甲专员20岁，16岁上中学，经常造事**（10的谐音）

（2）乙级企业人员要求：速记口诀：**专职和中级职称人员数量是甲级的减8，造价师数量（乙造6）一早溜**

（二）工程造价咨询企业业务承接

业务承接	**业务范围**	造价咨询活动，不受行政区域限制。（可**跨地区**执业） **甲级：**可做任何类别的咨询（**不受专业限制**）；**乙级：造价5000万元人民币以下**项目的咨询
	业务范围	（1）项目建议书、可行性研究**投资估算、**经济评价报告的**编制和审核**； （2）**概预算的编制与审核，配合**设计方案比选、优化设计、限额设计等的**造价分析与控制**； （3）建设合同价款（清单和标底、报价的**编制和审核**）；合同价款的**签订与调整**（变更、洽商和索赔费用计算）； （4）**工程款支付，工程结算、竣工结算**和决算报告的**编制与审核**； （5）工程造价经济纠纷鉴定和**仲裁的咨询**； （6）提供工程造价信息服务等
	执业	成果文件应由造价咨询**企业加盖企业名称、资质等级及证书编号的执业印章**，并由执行咨询业务的**注册造价工程师**签字、加盖**个人执业印章**
	企业分支机构	（1）设立分支机构，自领取分支机构营业执照起30日内到**分支机构工商注册所在地**省级建设主管部门备案； （2）**≥3名**注册造价工程师的**注册证书复印件**； （3）分支机构**不得以自己的名义**承接**业务、订立造价咨询合同、出具造价成果文件**
	跨省业务	承担业务之日起**30日内向工程所在地**省级人民政府建设主管部门**备案**

（三）工程造价咨询企业法律责任

1. 资质申请或取得违规的责任	（1）隐瞒、提供**虚假材料**申请资质的，给予**警告**同时**1年内**不得再次申请	
	（2）以**欺骗、贿赂**等不正当手段**取得**资质的，由**县级**以上给予警告，并处**1万～3万元以下**的罚款，申请人**3年内**不得再次申请	
2. 经营违规责任	**不及时**办理资质证书变更手续的→**责令限期办理**，逾期不办理的→**≤1万**元的罚款	
	处以**5000元以上2万元以下**的罚款情形：（都跟备案有关） （1）新设立的分支机构**不备案**的；（2）跨省、自治区、直辖市承接业务**不备案**的	
3. 其他违规责任	处以**1万元以上3万元以下**罚款的情形	（1）**涂改、倒卖、出租、出借、非法转让**资质； （2）无资质、**超越资质**承接业务； （3）**同时接受招标人和投标人或两个以上投标人**对同一工程项目的工程造价咨询业务； （4）以给予回扣、恶意压低收费等方式进行**不正当**竞争； （5）**转包**承接的工程造价咨询业务

★【记忆技巧】

有关罚款的内容：（1）罚款≤1万元：仅不及时办理资质变更手续一项；（2）罚款5000元～20000元：均跟备案有关；③罚款1万～3万元：只需记忆上边两项，考试时采用排除法选择

二、造价工程师职业资格管理

（一）注册

造价工程师职业资格实行**执业注册**管理制度。

注册证书、执业印章样式以及注册证书编号规则由**住房和城乡建设部会同交通运输部、水利部统一制定**。执业印章由注册造价工程师**自行制作**。

（二）执业

一级造价工程师执业范围（有审核、管理权利）	（1）项目建议书、可行性研究投资估算与审核，项目评价**造价分析**； （2）工程设计概算、施工预算**编制和审核**； （3）招标投标文件工程量和造价的**编制与审核**； （4）工程合同价款、结算价款、竣工决算价款的**编制与管理**； （5）工程审计、仲裁、诉讼、保险中的造价鉴定，工程造价纠纷**调解**； （6）工程计价依据、造价指标的**编制与管理**； （7）与工程造价管理有关的**其他事项**
二级造价工程师执业范围（只能编制）	（1）建设工程工料分析、计划、组织与成本管理，施工图预算、设计**概算编制**； （2）建设工程量清单、最高投标限价、**投标报价编制**； （3）建设工程合同价款、结算价款和竣工**决算价款的编制**

强化练习

1 根据《工程造价咨询单位管理办法》的规定，乙级工程造价咨询单位的资质标准之一是：具有专业技术职称且从事工程造价专业工作的专职人员和取得造价程师注册证书的专业人员分别不少于（ ）。

A．20人和10人　B．20人和8人　C．12人和6人　D．12人和4人

【答案】C

【解析】乙级标准：专职专业人员不少于12人，其中，具有工程或者工程经济类中级以上专业技术职称的人员不少于8人，取得造价工程师注册证书的人员不少于6人，其他人员具有从事工程造价专业工作的经历。

2 关于工程造价咨询企业乙级资质标准的表述正确的是（ ）。

A．专职专业人员不少于20人

B．企业注册资本不少于人民币100万元

C．具有工程或者工程经济类中级以上专业技术职称的人员不少于10人

D．暂定期内工程造价咨询营业收入累计不低于人民币50万元

【答案】D

【解析】

<table>
<tr><td rowspan="2">资质标准</td><td>甲：已取得乙级资质满3年</td><td rowspan="9">人员要求</td><td rowspan="3">技术负责人</td><td colspan="2">基本要求：造价师、高级职称</td></tr>
<tr><td>乙：无要求</td><td rowspan="2">工作年限</td><td>甲≥15年</td></tr>
<tr><td rowspan="2">出资人（额）</td><td>甲≥60%</td><td>乙≥10年</td></tr>
<tr><td>乙≥60%</td><td rowspan="2">专职人员</td><td colspan="2">甲≥20人</td></tr>
<tr><td rowspan="2">注册资本</td><td>甲≥100万</td><td colspan="2">乙≥12人</td></tr>
<tr><td>乙≥50万</td><td rowspan="2">中级职称</td><td colspan="2">甲≥16人</td></tr>
<tr><td rowspan="2">营业收入</td><td>甲≥500万</td><td colspan="2">乙≥8人</td></tr>
<tr><td>乙：暂定期内≥50万</td><td rowspan="2">造价师</td><td colspan="2">甲≥10人</td></tr>
<tr><td colspan="2">人均办公面积：甲、乙≥10m²</td><td colspan="2">乙≥6人</td></tr>
</table>

3 根据《工程造价咨询企业管理办法》，工程造价咨询企业可被处1万元以上3万元以下罚款的情形是（　）。

A．跨地区承接业务不备案的　　B．出租、出借资质证书的

C．设立分支机构未备案的　　D．提供虚假材料申请资质的

【答案】B

【解析】本题考查的是工程造价咨询管理。涂改、倒卖、出租、出借资质证书，或者以其他形式非法转让资质证书，可被处以1万元以上3万元以下罚款。

4 根据《工程造价咨询企业管理办法》，下列关于工程造价咨询企业的说法，不正确的有（　）。

A．工程结算及竣工结（决）算报告的编制与审核

B．对工程造价经济纠纷的鉴定和仲裁的咨询

C．工程造价咨询企业可编制工程项目经济评价报告

D．工程造价经济纠纷的鉴定和仲裁的裁决

【答案】D

【解析】本题目考核的是工程造价咨询企业的业务范围和咨询合同的履行。工程造价咨询业务范围包括：

（1）建设项目建议书及可行性研究投资估算、项目经济评价报告的编制和审核；

（2）建设项目概预算的编制与审核，并配合设计方案比选、优化设计、限额设计等工作进行工程造价分析与控制；

（3）建设项目合同价款的确定（包括招标工程工程量清单和标底、投标报价的编制和审核）；合同价款的签订与调整（包括工程变更、工程洽商和索赔费用的计算）与工程款

支付，工程结算及竣工结（决）算报告的编制与审核等；

（4）工程造价经济纠纷的鉴定和仲裁的咨询；

（5）提供工程造价信息服务等。

5 根据《注册造价工程师管理办法》，属于一级造价工程师业务范围的是（　　）。

A．建设项目投资估算与批准　　B．施工预算编制与审核

C．建设工程保险中的造价裁定　　D．工程造价纠纷的裁决

【答案】B

【解析】一级造价工程师执业范围。包括建设项目全过程的工程造价管理与咨询等，具体工作内容有：

（1）项目建议书、可行性研究投资估算与审核，项目评价造价分析；

（2）建设工程设计概算、施工预算编制和审核；

（3）建设工程招标投标文件工程量和造价的编制与审核；

（4）建设工程合同价款、结算价款、竣工决算价款的编制与管理；

（5）建设工程审计、仲裁、诉讼、保险中的造价鉴定，工程造价纠纷调解；

（6）建设工程计价依据、造价指标的编制与管理；

（7）与工程造价管理有关的其他事项。

第二章

工程项目管理

思维导图

- 第一节 工程项目管理概述
  - 一、工程项目组成和分类
  - 二、工程建设程序
  - 三、工程项目管理目标和内容
- 第二节 工程项目实施模式
  - 一、项目融资模式
  - 二、业主方项目组织模式
  - 三、项目承发包模式

第一节　工程项目管理概述

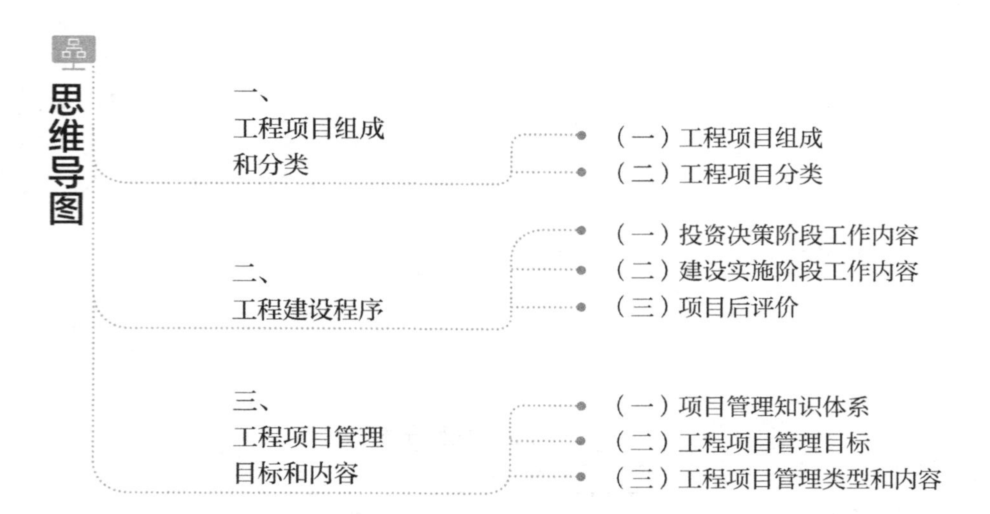

高频考点

一、工程项目组成和分类

（一）工程项目组成（会区分）

工程项目的组成	单项工程	独立**设计文件**、建成后独立**发挥生产能力、投资效益**的。如**厂房建筑**、**设备安装**等工程
	单位（子单位）工程	具备**独立施工条件**及**独立使用功能**的工程。 分：**建筑工程**和**设备安装**工程。如**土建工程**、**设备安装工程**、**工业管道工程**等
	分部（子分部）工程	将单位工程按**专业性质、建筑部位**等划分。 分部工程包括：**地基与基础、主体结构、装饰装修、屋面、给水排水及采暖、建筑电气、智能建筑、通风与空调、电梯、建筑节能**工程。 当分部工程较大或较复杂时，可按**材料种类、工艺特点、施工程序、专业系统及类别**等将其划分为若干**子分部**工程
	分项工程	分部工程按**主要工种、材料、施工工艺、设备类别**等划分。例如：土方开挖、土方回填、钢筋、模板、混凝土、**砖砌体**（注意与子分部的砌体结构区别记忆）、木门窗制作与安装、钢结构基础等工程。 **分项工程**是工程项目施工生产活动的基础，也是计量工程用工、用料和机械台班消耗的基本单元

★【记忆技巧】

该知识点出题思路，给出例子判断所属类别，子分部工程项目常作为其他几项工程的干扰项，建议重点掌握分部与分项工程中的例子，做题时用排除法选择。

分部工程口诀（例子口诀）：**地主空屋装电梯，智能排水很节能。**

分项工程口诀：**混（血）体模挖钢结构门窗+填钢筋**

（二）工程项目分类

<table>
<tr><td>1. 按投资效益和市场需求划分</td><td colspan="2">为竞争性项目、基础性项目和公益性项目三种</td></tr>
<tr><td rowspan="2">2. 按项目的投资来源划分</td><td>政府投资项目</td><td>（1）分经营性和非经营性政府投资项目；
（2）经营性→项目法人责任制；
（3）非经营性→“代建制”，由代建单位行使建设单位职责，实现项目“投资、建设、监管、使用”四分离</td></tr>
<tr><td>非政府投资项目</td><td>非政府投资项目→实行项目法人责任制</td></tr>
</table>

二、工程建设程序

（一）投资决策阶段工作内容

<table>
<tr><td>1. 编报项目建议书</td><td colspan="2">批准的项目建议书不是项目的最终决策</td></tr>
<tr><td>2. 编报可行性研究报告</td><td colspan="2">可行性研究应完成以下工作内容：
（1）市场研究→解决建设的必要性问题；
（2）工艺技术方案的研究→解决技术可行性问题；
（3）进行财务和经济分析→解决经济合理性问题</td></tr>
<tr><td rowspan="2">▲3. 投资决策管理制度</td><td>政府投资项目</td><td>（1）直接投资和资本金注入方式→审批项目建议书、可行性研究报告和初步设计和概算，除特殊情况外不再审批开工报告；
（2）投资补助、转贷和贷款贴息方式→只审批资金申请报告；
（3）特别重大的项目→实行专家评议制度；
（4）国家逐步实行→项目公示制度</td></tr>
<tr><td>非政府投资项目</td><td>（1）核准制。须提交项目申请报告，不再进行批准项目建议书、可行性研究报告和开工报告的程序；
（2）备案制。由企业按照属地原则备案</td></tr>
</table>

（二）建设实施阶段工作内容

<table>
<tr><td rowspan="3">建设实施阶段工作内容</td><td rowspan="3">工程设计</td><td colspan="2">一般分为两个阶段→初步设计和施工图设计。重大项目和技术复杂项目→增加技术设计阶段</td></tr>
<tr><td>初步设计</td><td>（1）编制项目总概算；（2）初步设计的总概算＞可行性研究报告总投资的10%时要说明原因和计算依据，并重新向原审批单位报批</td></tr>
<tr><td>施工图设计</td><td>（1）建设单位将施工图送审；
（2）审核合格的，不得擅自修改，确需修改，建设单位送原审查机构审查</td></tr>
</table>

<table>
<tr><td rowspan="10">建设实施阶段工作内容</td><td rowspan="3">工程设计</td><td>审查
施工图内容</td><td>（1）是否符合**强制性**标准；
（2）地基基础和主体结构的安全性；
（3）**消防安全性**；
（4）人防工程（**不含**人防指挥工程）防护安全性；
（5）是否符合民用建筑**节能、绿色**强制性标准；
（6）勘察设计相关人员的**加盖图章和签字**</td></tr>
<tr><td rowspan="2">技术设计</td><td>适用于**重大**和**技术复杂**项目</td></tr>
<tr><td>进一步解决初步设计中的重大技术问题（**如：工艺流程、建筑结构、设备选型和数量等**）</td></tr>
<tr><td rowspan="3">建设准备</td><td>工作内容</td><td>（1）征地、拆迁和场地平整；
（2）完成施工用水、电、通信、道路等接通工作；
（3）组织招标，选择监理、施工单位及设备、材料供应商；
（4）准备必要的施工图纸；
（5）办理质量监督和施工许可手续</td></tr>
<tr><td colspan="2">**建设单位**办理施工许可证**前**办理工程质量监督注册手续。
需提供的资料有：
（1）施工图设计文件**审查报告和批准书**（不是施工图设计文件）；
（2）中标通知书和监理、施工合同；
（3）建设、施工、监理等单位负责人和机构组成；
（4）施工组织设计和监理规划（不是专项施工方案也不是施工许可证）</td></tr>
<tr><td colspan="2">**建设单位**在**开工前**向工程所在地的**县级以上**人民政府建设行政主管部门申请领取施工许可证</td></tr>
<tr><td>施工安装</td><td>开工日期</td><td>（1）项目新开工时间，永久性工程→**第一次正式破土开槽开始施工**；无开槽的工程→**正式开始打桩**的日期；
（2）需大量土、**石方工程→开始进行土方、石方工程的日期**；
（3）地质勘察、平整场地、旧建筑物的拆除、临时建筑、施工用临时道路和水、电等工程开始施工的日期**不能算作**正式开工日期；
（4）分期项目→按各期工程开工的日期计算</td></tr>
<tr><td>生产准备</td><td>工作内容</td><td>（1）招收和培训生产人员；（2）组织准备；（3）技术准备；（4）物资准备</td></tr>
<tr><td rowspan="2">竣工验收</td><td colspan="2">是投资成果转入生产或使用的标志，全面考核**工程建设成果**、**检验设计**、**工程质量**的重要步骤</td></tr>
<tr><td>准备工作</td><td>整理技术资料→绘制竣工图→编制竣工决算</td></tr>
</table>

续表

建设实施阶段工作内容	竣工验收	绘制竣工图	（1）按图施工**无变动**的→施工单位原图上加盖"竣工图"； （2）有**一般性设计**变更→**可不重新**绘制，由**施工单位**在原图上**注明修改**部分并附设计变更通知单和施工说明，**加盖"竣工图"**； （3）**重大改变**的→**重新绘制**（建设单位自行或委托设计单位绘制，但设计、施工单位原因导致的，由责任单位负责）
		程序和组织	（1）规模较大、较复杂的，**先进行初验**，然后**正式验收**； （2）规模较小、较简单的，可**一次性全部竣工验收**； （3）项目全部建完，由**项目主管部门或建设单位**提出竣工验收申请报告； （4）竣工报告验收委员会或验收组组建的根据是：**投资主体、工程规模、复杂程度**

（三）项目后评价

项目后评价	基本方法是：**对比法**
	（1）效益后评价： 包括：**经济**效益后评价、**环境**效益和**社会**效益后评价、项目**可持续性**后评价、项目**综合效益**后评价【**记忆技巧：社会综合环境（影响）经济可持续**】
	（2）过程后评价： 对立项决策→设计施工→竣工投产→生产运营等整个建设阶段的系统分析

三、工程项目管理目标和内容

（一）项目管理知识体系（略）

（二）工程项目管理目标

工程项目管理的核心是控制项目基本目标（**质量、造价、进度**）。

质量、造价和进度三大目标之间的关系：**对立、统一**。

（三）工程项目管理类型和内容

1．工程项目管理类型

（1）业主方项目管理	（2）工程总承包方项目管理	
（3）设计方项目管理	（4）施工方项目管理	（5）供货方项目管理

2．工程项目管理内容

（1）合同管理；（2）组织协调；（3）目标控制；（4）风险管理；（5）信息管理；（6）环保节能。

在项目实施阶段，必须做到**“三同时”**，即主体工程与环保措施工程**同时设计、同时施工、同时投入运行**。

强化练习

1 具有独立施工条件并能形成独立使用功能的建筑物及构筑物是（　）。

A．单项工程　B．单位工程　C．分部工程　D．分项工程

【答案】B

【解析】单位工程是指具备独立施工条件并能形成独立使用功能的工程。

2 以下关于项目建议书的说法，不正确的是（　）。

A．项目建议书批准后，可以进行可行性研究工作，但并不表明项目已经立项

B．经过批准的项目建议书是工程项目的最终决策

C．项目建议书是对工程项目的轮廓设想

D．项目建议书的主要作用是推荐一个拟建项目，供政府部门选择并确定是否进行下一步工作

【答案】B

【解析】批准的项目建议书不是工程项目最终决策。

3 根据《国务院关于投资体制改革的决定》，特别重大的政府投资项目应实行（　）制度。

A．网上公示　B．咨询论证　C．专家评议　D．民众听证

【答案】C

【解析】根据《国务院关于投资体制改革的决定》，特别重大的政府投资项目应实行专家评议制度。

4 根据《国务院关于投资体制改革的决定》，对于采用投资补助方式的政府投资项目，政府需要审批的文件是（　）。

A．项目建议书　B．可行性研究报告

C．资金申请报告　D．初步设计和概算

【答案】C

【解析】政府投资：项目实行审批制。①对于采用直接投资和资本金注入方式的政府投资项目，政府需要从投资决策的角度审批项目建议书和可行性研究报告，除特殊情况外不再审批开工报告，同时还要严格审批其初步设计和概算；②对于采用投资补助、转贷和贷款贴息方式的政府投资项目，则只审批资金申请报告。

5 **项目后评价是工程项目实施阶段管理的延伸，它的基本方法是（　　）。**

A．统计法　　B．比例法　　C．理论计算法　　D．对比法

【答案】D

【解析】项目后评价的基本方法是对比法，就是将工程项目建成投产后所取得的实际效果、经济效益和社会效益、环境保护等情况与投资决策阶段的预测情况相对比，与项目建设实施前的情况相对比，从中发现问题，总结经验和教训。

6 **建设工程项目按项目的投资效益和市场需求分为（　　）。**

A．公益性项目　　B．经营性项目　　C．竞争性项目

D．基础性项目　　E．非经营性项目

【答案】ACD

【解析】工程项目按投资效益和市场需求划分为竞争性项目、基础性项目和公益性项目。

7 **下列关于建设工程项目管理类型的论述中，正确的是（　　）。**

A．业主方的项目管理是全过程的项目管理

B．项目管理单位也可以为业主提供全过程的项目管理

C．工程总承包方的项目管理是指项目施工安装阶段的项目管理

D．设计方的项目管理应该延伸到项目的施工阶段和竣工验收阶段

E．施工方的项目管理包括项目的施工质量、成本、工期、安全和环境保护目标

【答案】ABD

【解析】工程总承包方的项目管理贯穿于项目实施全过程，既包括工程设计阶段，也包括工程施工阶段，故选项C错误；施工方的项目管理的目标体系包括项目施工质量、成本、进度、安全、和环保目标，不包含工期，所以选项E错误。

第二节　工程项目实施模式

思维导图

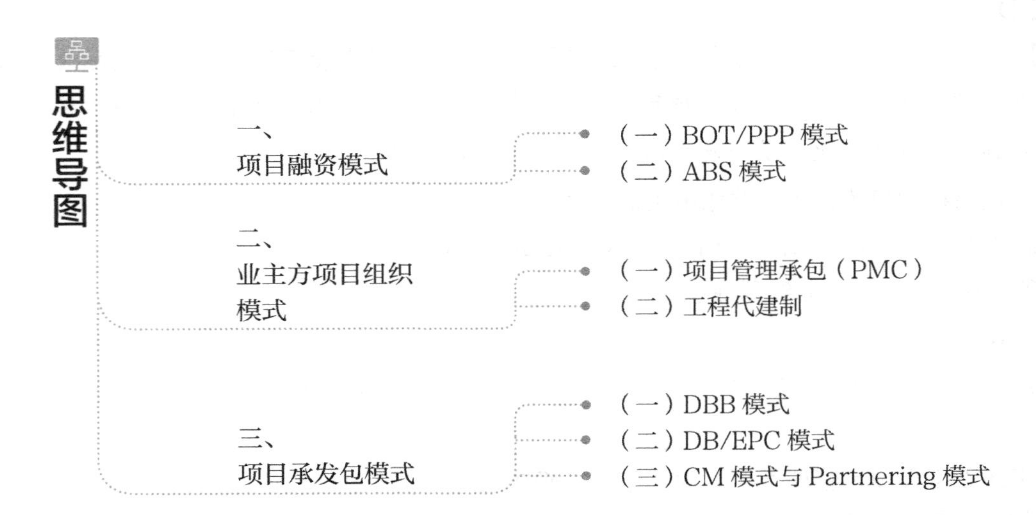

一、项目融资模式

（一）BOT/PPP模式

1．BOT模式及其基本形式

通常所说的BOT模式主要有以下三种基本形式：

（1）标准BOT	**建设—经营—移交**
（2）BOOT	**建设—拥有—经营—移交**。BOOT在特许期内**既拥有经营权，又拥有所有权**。BOOT特许期比BOT长
（3）BOO	**建设—拥有—经营**。特许项目公司**建设并拥有**某项基础设施，**不移交**给项目所在国政府

2．BOT模式演变形式

TOT	**移交—运营—移交**。采用TOT模式时，**融资对象更为广泛，可操作性**更强，使项目引资成功的可能性增加	
TBT	**移交—建设—移交**。以BOT为主的一种融资模式，目的是**促成BOT的实施**	
BT	**建设-移交**	**政府**购买项目的资金**是事后支付**（可通过财政拨款，但更多的是通过运营项目收费来支付）
		民营机构用于项目建设的资金大多**来自银行的有限追索权贷款**

3．PPP模式及其分类

<table>
<tr><td rowspan="1">外包类</td><td>是指政府将设计、建造、运营和维护等一或多项委托给社会资本方，或将其中部分公职责委托给社会资本方，政府出资并承担项目经营和收益风险，社会资本承担的风险相对较少。
缺点：无法通过民间融资实现建设管理</td></tr>
<tr><td rowspan="2">特许经营类</td><td>有BOT及TOT两种实现形式。
与DB模式相结合，特许经营类PPP还包括DBFO、DBTO等类型</td></tr>
<tr><td>TOT模式根据不同实现途径还可分为：PUOT和LUOT两种类型。
BOT模式可分为BLOT和BOOT两种类型。
两者的区别：在于建成后获取项目经营权的方式是租赁还是特许经营</td></tr>
<tr><td rowspan="2">私有化类</td><td>根据私有化程度不同，私有化类PPP项目可分为完全私有化和部分私有化两种</td></tr>
<tr><td>根据实现途径不同：完全私有化项目实现途径→PUO和BOO两种
部分私有化项目→通过股权转让实现私有化程序</td></tr>
</table>

4．PPP模式运作流程

分为**项目识别、项目准备、项目采购、项目执行、项目移交**五个阶段。

（二）ABS模式

1．ABS模式运作流程

<table>
<tr><td>（1）组建特定用途公司SPC</td><td>ABS能够成功运作的基本条件和关键因素是：成功组建SPC</td></tr>
<tr><td>（2）SPC与项目结合</td><td>SPC进行ABS方式融资时，其融资风险仅与项目资产未来现金收入有关，而与建设项目的原始权益人本身的风险无关</td></tr>
<tr><td colspan="2">（3）利用信用增级手段使项目资产获得预期的信用等级。
信用增级途径有：
①利用信用证；②开设现金担保账户；③直接进行金融担保</td></tr>
<tr><td>（4）SPC发行债券</td><td>（5）SPC偿债</td></tr>
</table>

2．ABS与BOT/PPP的区别

（1）运作繁简程度与融资成本不同	（2）项目所有权、运营权不同
（3）投资风险不同	（4）适用范围不同

二、业主方项目组织模式

（一）项目管理承包（PMC）

指业主聘请专业的工程或咨询公司，代表业主进行项目管理。

采用PMC管理模式时，项目**业主仅**需对一些**关键问题**进行决策，绝大部分管理工作由**项目管理承包商**承担。

PMC的类型	分类	1. 项目管理＋设计、采购、施工（EPC）工作	风险高，相应的利润、回报也较高
		2. 只管理EPC承包商不承担任何EPC工作	风险和回报均较低
		3. 作为业主顾问，对项目进行监督和检查	风险最低，接近于零，但回报也低
	工作内容	前期阶段：代表业主进行项目管理	具体包括： （1）项目方案优化； （2）制定项目风险应对策略； （3）提供融资方案并协助融资； （4）提出项目的标准及规范； （5）组织或完成基础设计、初步和总体设计等
		实施阶段：代表业主进行协调和监督工作	具体包括： （1）设计管理、协调； （2）完成某些部分的详细设计； （3）采购管理，并为业主采购提供服务； （4）配合业主生产准备、组织试运行和验收； （5）向业主移交项目文件资料

（二）工程代建制

1. 工程代建性质

代建单位**不存在**经营性亏损或盈利，只收取**代理费、咨询费**。**不参与**工程项目的策划决策和经营管理，也**不对投资收益负责**。一般需提交**工程概算**投资额的10%左右的履约保函。

2. 工程代建制与项目法人责任制的区别

不同点	代建制	项目法人制
管理责任范围	建设**实施**阶段	覆盖工程策划**决策及建设实施**的全过程
建设资金责任	**不负责筹措、偿还**	进行资金**筹措、偿还**投资回报
保值增值责任	**仅负责**项目建设期资金的使用，不负责资产保值增值	全寿命期内**负责**资产的**保值增值**
工程对象	政府投资的**非经营**项目（主要是公益性）	政府投资的**经营性**项目

三、项目承发包模式

（一）DBB模式

优点	不足
（1）**责权利分配明确**； （2）**指令易贯彻**； （3）管理方法较成熟，**参建各方都比较熟悉**	（1）**建设周期长**； （2）**设计与施工的协调困难**； （3）**设计变更频繁**，可能使建设单位利益受损； （4）容易出现**互相推诿**，**协调工作量大**

（二）DB/EPC模式

优点	不足
（1）有利于**缩短建设工期**； （2）便于建设单位**提前确定工程造价**； （3）工程项目**责任主体单一化**； （4）减轻**建设单位**合同管理的负担	（1）**道德风险高**； （2）建设单位**前期工作量大**； （3）工程总承包单位**报价高**

（三）CM模式与Partnering模式

CM单位以**承包商**的身份进行施工管理，**组织快速路径的生产方式**，有条件实现**“边设计，边施工”**。

适用情形：

（1）**实施周期长、工期要求紧迫的大型复杂**项目；

（2）**有利于缩短工程建设周期和控制工程质量和造价**。

Partnering模式**不是一种独立存在的模式**，它需与其他组织模式中的**某一种结合使用**。

Partnering**模式的主要特征表现在以下几方面：**

（1）出于自愿	（2）高层管理的参与
（3）Partnering协议不是法律意义上的合同	（4）信息的开放

强化练习

1 **下列关于项目管理承包（PMC）说法正确的是（　　）。**

A．项目管理承包商代表业主进行项目管理，同时还承担部分工程的设计、采购、施工（EPC）工作。这对项目管理承包商而言，风险低，相应的利润低

B．项目管理承包商作为业主顾问，对项目进行监督和检查，并及时向业主报告工程进展情况。这对项目管理承包商而言，风险最低，接近于零，但回报也低

C．项目管理承包商作为业主项目管理的延伸，只是管理EPC承包商而不承担任何EPC工作。这对项目管理承包商而言，风险较高，回报较低

D．以上说法均不正确

【答案】B

【解析】按照工作范围不同，项目管理承包（PMC）可分为三种类型：

（1）项目管理承包商代表业主进行项目管理，同时还承担部分工程的设计、采购、施工（EPC）工作。这对项目管理承包商而言，风险高，相应的利润、回报也较高。

（2）项目管理承包商作为业主项目管理的延伸，只是管理EPC承包商而不承担任何EPC

工作。这对项目管理承包商而言，风险和回报均较低。

（3）项目管理承包商作为业主顾问，对项目进行监督和检查，并及时向业主报告工程进展情况。这对项目管理承包商而言，风险最低，接近于零，但回报也低。

2 下列关于工程代建制的说法中，正确的是（　）。

A．工程代建制是一种针对经营性政府投资项目的建设实施组织方式

B．工程代建单位参与工程项目前期的策划决策和建成后的经营管理

C．在项目建设期间，工程代建单位存在经营性亏损或盈利

D．工程代建制由专业化的工程项目管理单位作为代建单位

【答案】D

【解析】工程代建制是一种针对非经营性政府投资项目的建设实施组织方式，专业化的工程项目管理单位作为代建单位，在工程项目建设过程中按照委托合同的约定代行建设单位职责。在项目建设期间，工程代建单位不存在经营性亏损或盈利，通过与政府投资管理机构签订代建合同，只收取代理费、咨询费。如果在项目建设期间使投资节约，可按合同约定从所节约的投资中提取一部分作为奖励。

3 下列关于CM模式的说法中，错误的是（　）。

A．CM模式特别适用于实施周期长、工期要求紧迫的大型复杂工程项目

B．CM模式有利于控制工程质量和造价

C．CM承包模式使工程项目实现有条件的“边设计、边施工”

D．快速路径法施工并不适合CM承包模式

【答案】D

【解析】CM模式是指由建设单位委托一家CM单位承担项目管理工作，该CM单位以承包商身份进行施工管理，并在一定程度上影响工程设计活动，组织快速路径（Fast-track）的生产方式，使工程项目实现有条件的边设计、边施工，CM模式特别适用于实施周期长、工期要求紧迫的大型复杂工程项目。采用CM模式不仅有利于缩短工程项目建设周期，而且有利于控制工程质量和造价。

4 采用ABS方式融资，组建SPC作用是（　）。

A．由SPC公司直接在资金市场上发行债券

B．由SPC公司与商业银行签订贷款协议

C．SPC公司作为项目法人

D．由SPC公司运营项目

【答案】A

【解析】本题考查的是项目融资的主要方式。ABS由SPC公司直接在资金市场上发行债券。成功组建SPC是ABS能够成功运作的基本条件和关键因素。

5 与BOT融资方式相比，TOT融资方式的特点是（　）。

A．融资对象更为广泛，可操作性更强　　B．项目产权结构易于稳定

C. 不需要设立具有特许权的专门机构　　D. 项目招标程序大为简化

【答案】A

【解析】与BOT模式相比，采用TOT模式时，融资对象更为广泛，可操作性更强，使项目引资成功的可能性增加。

6 关于Partnering模式的说法，正确的是（　　）。

A. Partnering协议是业主与承包商之间的协议

B. Partnering模式是一种独立存在的承发包模式

C. Partnering模式特别强调工程参建各方基层人员的参与

D. Partnering协议不是法律意义上的合同

【答案】D

【解析】Partnering模式的主要特征：

（1）出于自愿。（2）高层管理的参与。（3）Partnering协议不是法律意义上的合同。（4）信息的开放性。

7 与ABS融资方式相比，BOT融资方式的特点是（　　）。

A. 运作程序简单　B. 投资风险大　C. 适用范围小

D. 运营方式灵活　E. 融资成本较高

【答案】BCE

【解析】本题考查的是项目融资的主要方式。BOT融资投资风险大、适用范围小、融资成本较高。

8 下列关于工程代建制和项目法人责任制的说法，正确的是（　　）。

A. 对于实施工程代建制的项目工程代建单位不负责建设资金的筹措

B. 对于实施项目法人责任制的项目法人的责任范围只是在工程项目建设实施阶段

C. 对于实施工程代建制的项目不负责项目运营期间的资产保值增值

D. 建设期间，工程代建单位不承担任何风险

E. 工程代建制适用于政府投资的经营性项目

【答案】AC

【解析】对于实施工程代建制的项目，工程代建单位不负责建设资金的筹措，因此也不负责偿还贷款，选项A正确；对于实施项目法人制的项目，项目法人的责任范围在工程项目全过程阶段，因此选项B错误；对于实施工程代建制的项目，工程代建单位仅负责项目建设期间资金的使用，在批准的投资范围内保证建设工程项目实现预期功能，使政府投资效益最大化，不负责项目运营期间的资产保值增值，因此选项C正确；代建单位要承担相应的管理、咨询风险，因此选项D错误；工程代建适用于政府投资的非经营性项目，因此选项E错误。

第三章

工程造价构成

思维导图

- 第一节 概述
  - 一、工程造价的含义
  - 二、各阶段工程造价的关系和控制
  - 三、完善工程全过程造价服务的主要任务和措施
- 第二节 建设项目总投资及工程造价
  - 一、建设项目总投资的含义
  - 二、建设项目总投资的构成
- 第三节 建设安装工程费
  - 一、按费用构成要素划分
  - 二、按造价形成划分
- 第四节 设备及工器具购置费
  - 一、设备购置费
  - 二、工器具及生产家具购置费
- 第五节 工程建设其他费用
  - 一、建设用地费
  - 二、与项目建设有关的其他费用
  - 三、与未来生产经营有关的其他费用
- 第六节 预备费和建设期利息
  - 一、预备费
  - 二、建设期利息

第一节 概述

思维导图

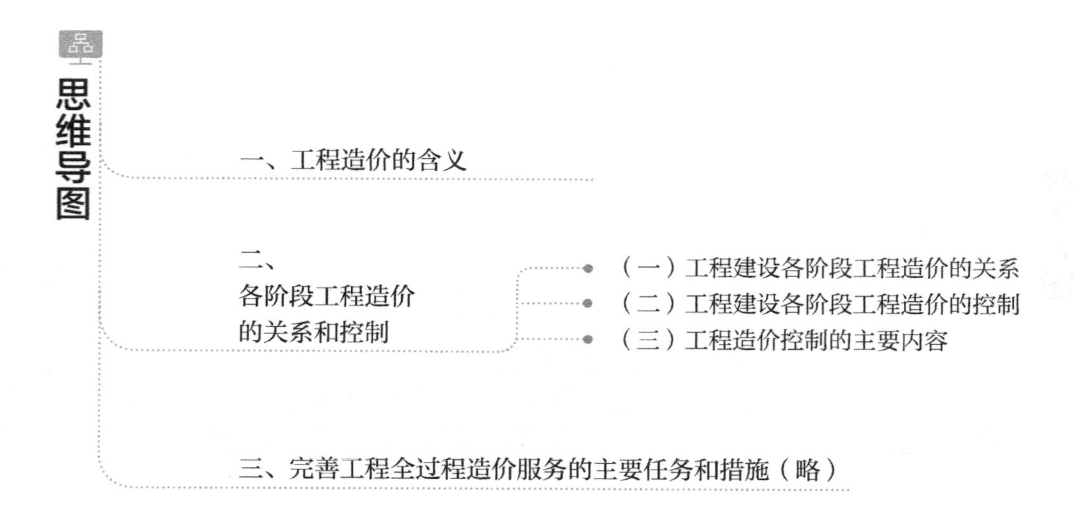

高频考点

一、工程造价的含义

工程造价的含义	项目从投资决策开始到竣工投产所需的建设费用
	投资决策阶段→投资估算，设计阶段→设计概算、施工图预算，招投标阶段→最高投标限价、投标报价、合同价，施工阶段→竣工结算等

二、各阶段工程造价的关系和控制

建设项目的建设过程是：从**抽象→实际**。

（一）工程建设各阶段工程造价的关系

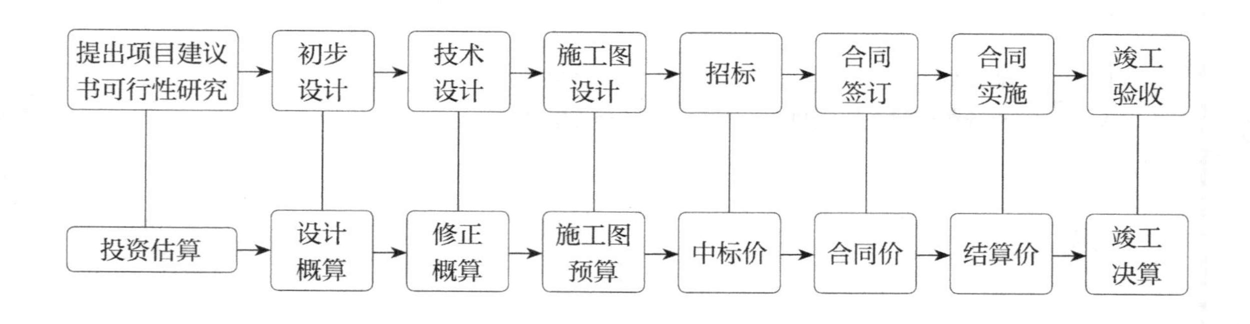

（二）工程建设各阶段工程造价的控制

原则：
1．以设计阶段为重点；
2．主动控制，以取得令人满意的结果；
3．技术与经济相结合是最有效的手段。

（三）工程造价控制的主要内容

1. 项目决策阶段	**投资估算**起到指导性和总体控制的作用
2. 初步设计阶段	**最高限额是经批准的设计概算**
3. 施工图设计阶段	应用**限额设计、价值工程**等进行施工图设计
4. 工程施工招标阶段	编制工程量清单、最高投标限价、合同计价方式，初步确定合同价
5. 工程施工阶段	合理确定进度款和结算款、控制工程费用支出。 （1）**施工阶段**是造价**执行和完成阶段；** （2）**动态纠偏**，控制工程质量、进度和造价； （3）**事前控制**工作重点：**控制工程变更和防止发生索赔；** （4）做好**计量与结算**，做好**质量、进度的事前、事中、事后控制**
6. 竣工验收阶段	**编制竣工结算与决算**

三、完善工程全过程造价服务的主要任务和措施（略）

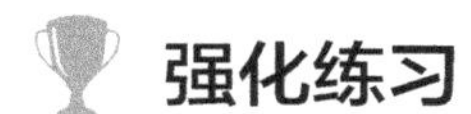

强化练习

1 推行限额设计时，初步设计阶段的直接控制目标是（　　）。

A．经批准的投资估算　　B．经批准的设计概算

C．经批准的施工图预算　　D．经确定的工程合同价

【答案】A

【解析】运用设计标准与标准设计、价值工程和限额设计方法等，以可行性研究报告中被批准的投资估算为工程造价目标值，控制和修改初步设计以满足投资控制目标的要求。

2 在项目作出投资决策后，控制工程造价的关键就在于（　　）。

A．审核施工图预算　　B．设计

C．进度款支付　　D．竣工结算

【答案】B

【解析】工程造价控制的关键在于施工前的投资决策和设计阶段，而在项目做出投资决策后，控制工程造价的关键就在于设计。

3 工程施工阶段，以（　）等为控制依据，通过控制工程变更、风险管理等方法，按照承包人实际完成的工程量，严格确定实施阶段实际发生的工程费用。

A．工程合同价　　B．拟建项目的功能要求和使用要求

C．被批准的设计概算　　D．工程设计文件

【答案】A

【解析】施工阶段是以工程合同价等为控制依据，通过控制工程变更、风险管理等方法，按照承包人实际应计量的工程量，并考虑物价上涨、工程变更等因素，合理确定进度款和结算款，控制工程费用的支出。

4 建设项目是一个从抽象到实际的建设过程，工程造价也从投资估算阶段的投资预计，到竣工决算的实际投资，形成最终建设工程的（　）。

A．合同价　　B．概算造价　　C．预算造价　　D．实际造价

【答案】D

【解析】建设项目是一个从抽象到实际的建设过程，工程造价也从投资估算阶段的投资预计，到竣工决算的实际投资，形成最终的建设工程的实际造价。

第二节　建设项目总投资及工程造价

思维导图

一、建设项目总投资的含义

二、建设项目总投资的构成

高频考点

一、建设项目总投资的含义

建设项目总投资：指在建设期内的全部费用总和。

生产性项目总投资：包括工程造价和流动资金。

非生产性项目总投资：仅指工程造价。

二、建设项目总投资的构成

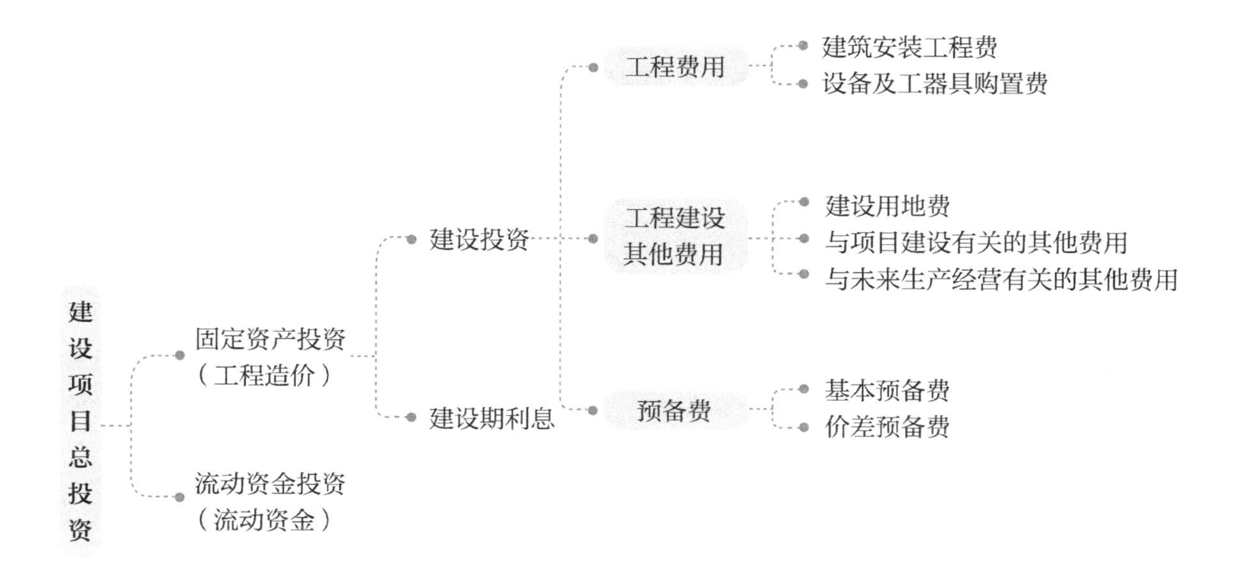

在可行性研究阶段→**全部流动资金**，初步设计及以后阶段→**铺底流动资金**。

铺底流动资金是自有流动资金。

强化练习

1 建设投资由工程费用、工程建设其他费用和预备费组成，其中工程费用包括（　）。

A．建筑工程费、设备及工器具购置费、安装工程费

B．建筑工程费、设备及工器具购置费、价差预备费

C．建筑工程费、基本预备费、安装工程费

D．建筑工程费、价差预备费、安装工程费

【答案】A

【解析】工程费用是指建设期内直接用于工程建造、设备购置及其安装的建设投资，可以分为建筑工程费、安装工程费和设备及工器具购置费。

2 建设项目按用途可分为生产性建设项目和非生产性建设项目，非生产性建设项目总投资（　）。

A．只有固定投资，不包括流动资产投资

B．只有流动资产投资，不包括固定投资

C．包括固定投资和流动资产投资

D．以上说法均有误

【答案】A

【解析】生产性建设项目总投资包括工程造价（或固定资产投资）和流动资金（或流动资产投资）。非生产性建设项目总投资一般仅指工程造价（或固定资产投资）。

3 在某建设项目投资构成中，设备及工器具购置费为800万元，建筑安装工程费为1200万元，工程建设其他费为500万元，基本预备费为150万元，价差预备费为100万元，建设期贷款1800万元，应计利息为180万元，流动资金500万元，则该建设项目的建设投资为（　）万元。

A．2620　　B．2750　　C．2980　　D．3480

【答案】B

【解析】我国现行工程造价的构成中，建设投资包括设备及工器具购置费用、建筑安装工程费用、工程建设其他费用、预备费，不包含建设期利息和流动资金。因此，该建设项目的建设投资=800+1200+500+150+100=2750万元

4 关于我国建设项目投资，下列说法中正确的是（　）。

A．非生产性建设项目总投资由固定资产投资和铺底流动资金组成

B．生产性建设项目总投资由工程费用、工程建设其他费用和预备费三部分组成

C．建设投资是为了完成工程项目建设，在建设期内投入且形成现金流出的全部费用

D．建设投资由固定资产投资和建设期利息组成

【答案】C

【解析】非生产性建设项目总投资一般仅指工程造价，故选项A错误。生产性建设项目

总投资包括建设投资、建设期利息和流动资金三部分，故选项B错误。建设投资包括工程费用、工程建设其他费用和预备费三部分，故选项D错误。

5 工程造价是指项目总投资中的（　）。

A．固定资产与流动资产投资之和　　B．建筑安装工程投资额

C．建筑安装工程费和设备费之和　　D．固定资产投资额

【答案】D

【解析】工程造价是指项目总投资中固定资产投资额。

第三节 建筑安装工程费

思维导图

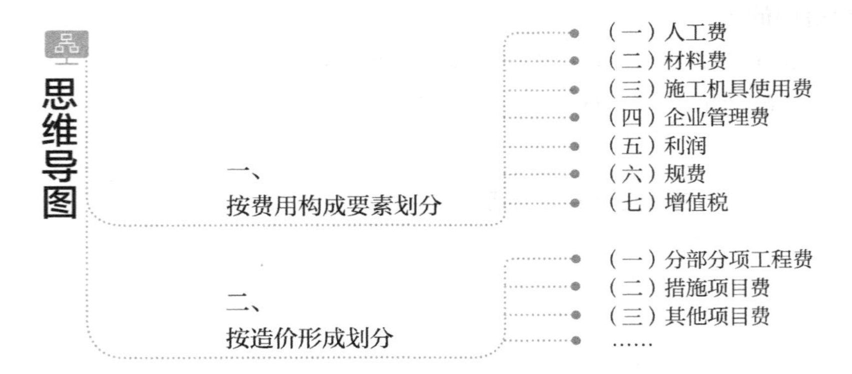

高频考点

一、按费用构成要素划分

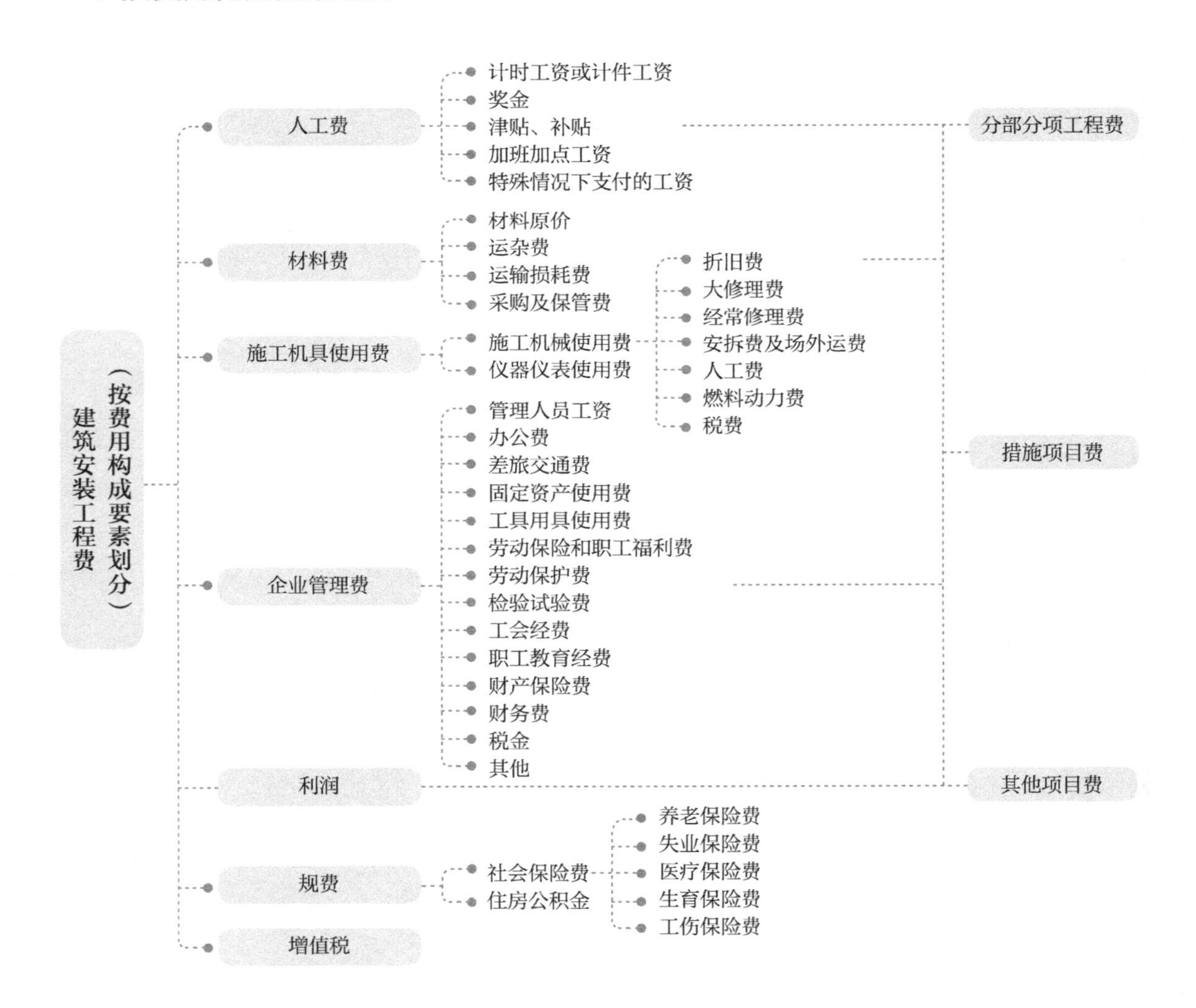

其中人工费、材料费、施工机具使用费、企业管理费和利润包含在分部分项工程费、措施项目费、其他项目费中。

<table>
<tr><td>1. 人工费</td><td colspan="7">包括：
（1）计时工资或计件工资；
（2）奖金；
（3）津贴补贴；
（4）加班加点工资；
（5）特殊情况下支付的工资</td></tr>
<tr><td rowspan="3">2. 材料费</td><td rowspan="2">材料单价：</td><td colspan="3">（1）材料原价</td><td colspan="3">（2）运杂费</td></tr>
<tr><td colspan="3">（3）运输损耗费</td><td colspan="3">（4）采购及保管费</td></tr>
<tr><td colspan="7">注意：用一般计税方法时，需扣除进项税额
计算公式：材料费=Σ（材料消耗量×材料单价）</td></tr>
<tr><td>3. 施工机具使用费</td><td colspan="7">（1）施工机械使用费（折旧、检修、安拆和场外运输、人工、燃料动力等费用）
（2）仪器仪表使用费（折旧、维护、检验、动力等费用，不包括检查软件的费用）
（3）施工机械仪器仪表租赁费</td></tr>
<tr><td rowspan="5">4. 企业管理费</td><td colspan="2">（1）管理人员工资</td><td colspan="3">（2）办公费：
①购买自来水、暖/冷气、图书、报纸、杂志等税率10%；
②邮政与基础电信服务税率10%；
③增值电信服务税率6%；
④其他税率16%</td><td colspan="2">（3）差旅交通费</td></tr>
<tr><td colspan="2">（4）固定资产使用费
不动产税率10%，其他的税率16%</td><td colspan="3">（5）工具用具使用费：税率均为16%</td><td colspan="2">（6）劳动保险和职工福利费</td></tr>
<tr><td colspan="2">（7）劳动保护费</td><td colspan="3">（8）检验试验费：其中增值税进项税税率以6%扣减</td><td colspan="2">（9）工会经费</td></tr>
<tr><td colspan="2">（10）职工教育经费</td><td colspan="3">（11）财产保险费</td><td colspan="2">（12）财务费</td></tr>
<tr><td>（13）税金</td><td colspan="2">（14）城市维护建设税</td><td colspan="2">（15）教育费附加</td><td>（16）地方教育附加</td><td>（17）其他</td></tr>
<tr><td>5. 利润</td><td colspan="7">指施工单位在施工过程中获得的盈利</td></tr>
<tr><td rowspan="2">6. 规费（五险一金）</td><td>（1）社会保险费</td><td colspan="6">1）养老保险费；2）失业保险费；3）医疗保险费；4）生育保险费；5）工伤保险费</td></tr>
<tr><td colspan="7">（2）住房公积金</td></tr>
<tr><td>7. 增值税</td><td colspan="7">按税前造价×适用税率确定</td></tr>
</table>

二、按造价形成划分

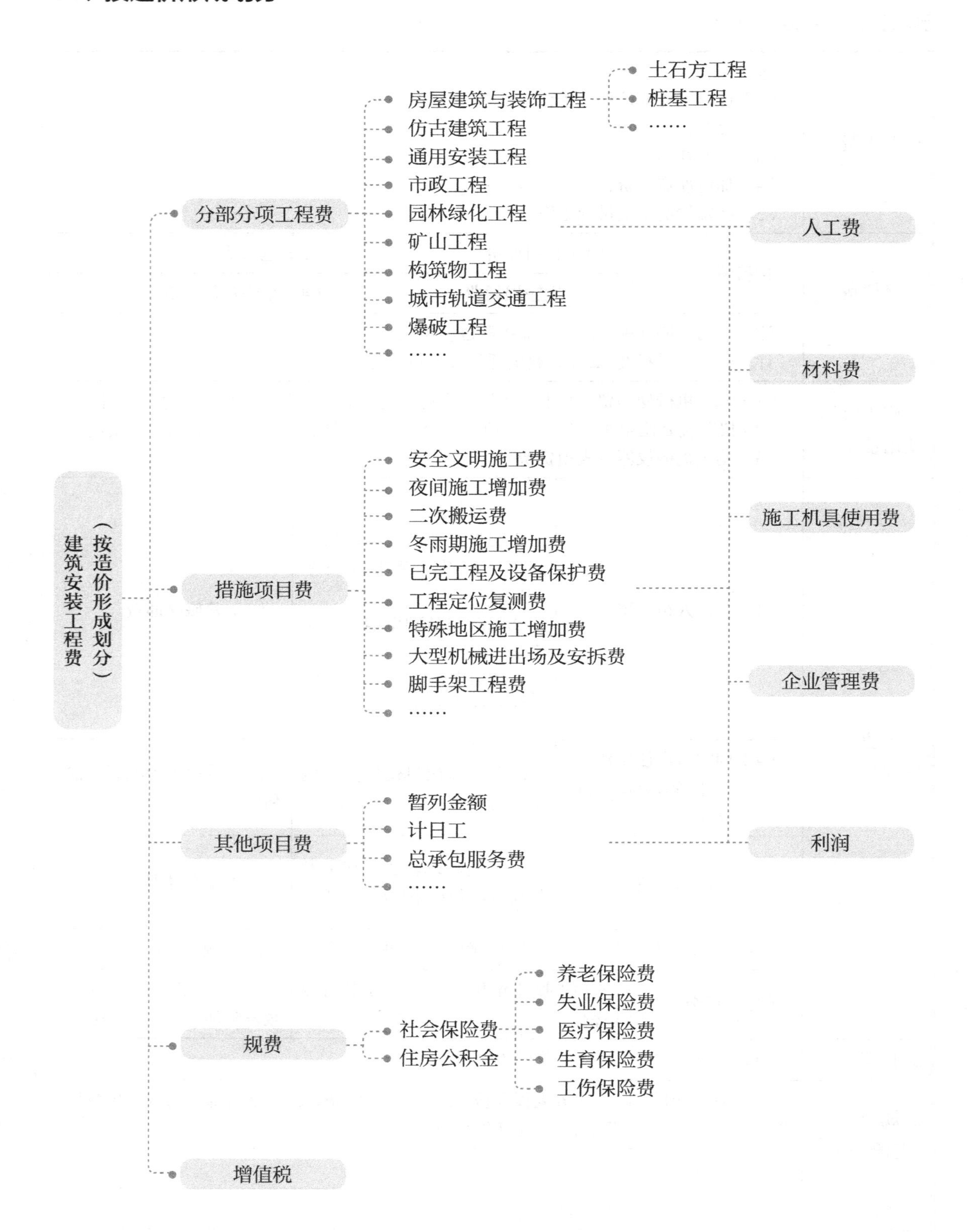
建筑安装工程费（按造价形成划分）
分部分项工程费
房屋建筑与装饰工程
土石方工程
桩基工程
……
仿古建筑工程
通用安装工程
市政工程
园林绿化工程
矿山工程
构筑物工程
城市轨道交通工程
爆破工程
……
措施项目费
安全文明施工费
夜间施工增加费
二次搬运费
冬雨期施工增加费
已完工程及设备保护费
工程定位复测费
特殊地区施工增加费
大型机械进出场及安拆费
脚手架工程费
……
其他项目费
暂列金额
计日工
总承包服务费
……
规费
社会保险费
养老保险费
失业保险费
医疗保险费
生育保险费
工伤保险费
住房公积金
增值税
人工费
材料费
施工机具使用费
企业管理费
利润

<table>
<tr><td rowspan="3">1. 分部分项工程费（注意：例子）</td><td colspan="2">分部分项工程费：指各专业工程的分部分项工程应予列支的各项费用</td></tr>
<tr><td>（1）专业工程</td><td>房屋建筑与装饰工程、仿古建筑工程、通用安装工程、市政工程、园林绿化工程、矿山工程、构筑物工程、城市轨道交通工程、爆破工程等</td></tr>
<tr><td>（2）分部分项工程</td><td>土石方工程、地基处理与桩基工程、砌筑工程、钢筋及钢筋混凝土工程等</td></tr>
<tr><td rowspan="5">2. 措施项目费（口诀：二夜大雨特殊、脚手架已定位安稳）</td><td>（1）安全文明施工费（环安文临）</td><td>1）环境保护费；2）安全施工费；
3）文明施工费；4）临时设施费</td></tr>
<tr><td>（2）夜间施工增加费</td><td>（3）二次搬运费</td></tr>
<tr><td>（4）冬雨期施工增加费</td><td>（5）已完工程及设备保护费</td></tr>
<tr><td>（6）工程定位复测费</td><td>（7）特殊地区施工增加费</td></tr>
<tr><td>（8）机械设备进出场及安拆费</td><td>（9）脚手架工程费</td></tr>
<tr><td rowspan="3">3. 其他项目费</td><td>1. 暂列金额</td><td>清单中暂定包含在合同价款中的费用。用于尚未确定或者不可预见、施工中可能发生变更、索赔、签证事件的费用</td></tr>
<tr><td>2. 计日工</td><td>施工企业完成施工图纸以外的零星项目或工作所需的费用</td></tr>
<tr><td colspan="2">3. 总承包服务费</td></tr>
</table>

强化练习

1 不属于机械台班单价组成部分的是（　　）。

A．折旧费　　B．检修及维护费

C．大型机械进退场费　　D．人工及燃料动力费

【答案】C

【解析】施工机械台班单价通常由折旧费、检修费、维护费、安拆费及场外运费、人工费、燃料动力费和其他费用组成。

2 根据国家相关法律、法规和政策规定，因停工学习、执行国家或社会义务等原因，按计时工资标准支付的工资属于人工日资单价中的（　　）。

A．基本工资　　B．奖金

C．津贴补贴　　D．特殊情况下支付的工资

【答案】D

【解析】特殊情况下支付的工资是指根据国家法律、法规和政策规定，因病、工伤、产假、计划生育假、婚丧假、事假、探亲假、定期休假、停工学习、执行国家或社会义务等原因按计时工资标准或计时工资标准的一定比例支付的工资。

3 根据我国现行建设安装工程费用项目组成的规定，下列有关费用表述中不正确的是（　　）。

A．人工费是指支付给直接从事建筑安装工程施工作业的生产工人的各项费用

B．材料费中的材料单价由材料原价、材料运杂费、材料损耗费、采购费及保管费五项组成

C．材料费包含构成或计划构成永久工程一部分的工程设备费

D．施工机具使用费包含仪器仪表使用费

【答案】B

【解析】人工费是指支付给直接从事建筑安装工程施工作业的生产工人的各项费用。材料单价是指建筑材料从其来源地运到施工工地仓库直至出库形成的综合平均单价。由材料原价、运杂费、运输损耗费、采购及保管费组成。

4 下列选项中，属于措施项目费的是（　　）。

A．建设用地费　　B．安全文明施工费

C．工程排污费　　D．施工机械使用费

【答案】B

【解析】措施项目费是指为完成建设工程施工，发生于该工程施工前和施工过程中的技术、生活、安全、环境保护等方面的费用内容包括：

（1）安全文明施工费：1）环境保护费；2）文明施工费；3）安全施工费；4）临时设施费；

（2）夜间施工增加费；（3）二次搬运费；（4）冬雨期施工增加费；（5）已完工程及设备保护费；（6）工程定位复测费；（7）特殊地区施工增加费；（8）大型机械设备进出场及安拆费；（9）脚手架工程费。

5 建筑安装工程中的分部（分项）工程费不包括（　　）。

A．企业管理费　　B．利润　　C．人工费　　D．暂列金额

【答案】D

【解析】建筑安装工程费按工程造价形成由分部分项工程费、措施项目费、其他项目费、规费、增值税组成，分部分项工程费、措施项目费、其他项目费包含人工费、材料费、施工机具使用费、企业管理费和利润。

6 建筑安装工程费按费用构成要素划分（　　）。

A．施工机具使用费　　B．材料费　　C．风险费用

D．利润　　E．增值税

【答案】ABDE

【解析】按照费用构成要素划分，建筑安装工程费包括：人工费、材料费、施工机具使用费、企业管理费、利润、规费和增值税。

7 建筑安装工程费用项目组成中，暂列金额主要用于（　　）。

A．施工合同签订时尚未确定的材料设备采购费用

B．施工图纸以外的零星项目所需的费用

C．隐藏工程二次检验的费用

D．施工中可能发生的工程变更价款调整的费用

E．项目施工现场签证确认的费用

【答案】ADE

【解析】暂列金额是指建设单位在工程量清单中暂定并包括在工程合同价款中的一笔款项。用于施工合同签订时尚未确定或者不可预见的所需材料、工程设备、服务的采购，施工中可能发生的工程变更、合同约定调整因素出现时的工程价款调整以及发生的索赔、现场签证确认等的费用。

8 下列费用中属于建筑安装工程人工费的有（　　）。

A．生产工人的技能培训费用　　B．生产工人的流动施工津贴

C．生产工人的增收节支奖金　　D．项目管理人员的计时工资

E．生产工人在法定节假日的加班工资

【答案】BCE

【解析】人工费是指按工资总额构成规定，支付给从事建筑安装工程施工的生产工人和附属生产单位工人的各项费用。内容包括：（1）计时工资或计件工资；（2）奖金；（3）津贴补贴；（4）加班加点工资；（5）特殊情况下支付的工资。

9 建筑安装工程费按照工程费用计价过程划分，下列（　　）属于其他项目费。

A．安全文明施工费　　B．暂列金额　　C．暂估价

D．计日工　　E．总承包服务费

【答案】BDE

【解析】本题考查的是建筑安装工程费。其他项目费包括：暂列金额、计日工和总承包服务费。选项A属于措施项目费，选项C不包含，清单中的划分。

第四节　设备及工器具购置费

思维导图

一、设备购置费
- （一）国产设备原价的构成及计算
- （二）进口设备原价的构成及计算

二、工器具及生产家具购置费

高频考点

一、设备购置费

设备购置费指**达到固定资产标准**的设备所需的费用，占比越大表示生产技术进步和资本有机构成的提高。

设备购置费=设备原价或进口设备抵岸价+设备运杂费

设备原价：指出厂价或抵岸价格。

设备运杂费：设备**原价外**设备采购、运输、途中保证及仓库保管等方面的费用。

（一）国产设备原价的构成及计算

1. 国产标准设备原价	计算采用**带有备件的**原价	
2. 国产非标准设备原价	计算方法有：**成本计算估价法、系列设备插入估价法、分部组合估价法、定额估价法**等	**（简记：计插组定）**

各项费用计算公式

构成	计算公式	备注
①材料费	材料净重×（1+加工**损耗**系数）×每吨材料综合价	
②加工费	设备总重量（吨）×设备每吨加工费	
③辅助材料费	设备总重量×辅助材料费指标	
④专用工具费	（材料费+加工费+辅助材料费）×专用工具费率	（①+②+③）×专用工具费率
⑤废品损失费	（材料费+加工费+辅助材料费+专用工具费）×废品损失费率	（①+②+③+④）×废品损失费率

续表

构成	计算公式	备注
⑥外购配套件费	**相应的购买价格+运杂费**	价格+运杂费 **单计**
⑦包装费	（材料费＋加工费＋辅助材料费＋专用工具费＋废品损失费＋外购配套件费）×包装费率	（①～⑥）×包装费率
⑧利润	**（材料费＋加工费＋辅助材料费＋专用工具费＋废品损失费＋包装费）×利润率**	（①～⑤+⑦）×利润率 **注意：无外购配套件费项**
⑨非标准设备设计费	按国家规定的设计费收费标准计算	
⑩增值税	**增值税=当期销项税额－进项税额** **当期销项税额=销售额×适用增值税税率**	不含税销售额=（①～⑨）项之和

单台非标准设备原价={[（材料费+加工费+辅助材料费）×（1+专用工具费率）×（1+废品损失费率）+外购配套件费]×（1+包装费率）－外购配套件费}×（1+利润率）+销项税金+非标准设备设计费+外购配套件费（**非常重要，计算题**）

（二）进口设备原价的构成及计算

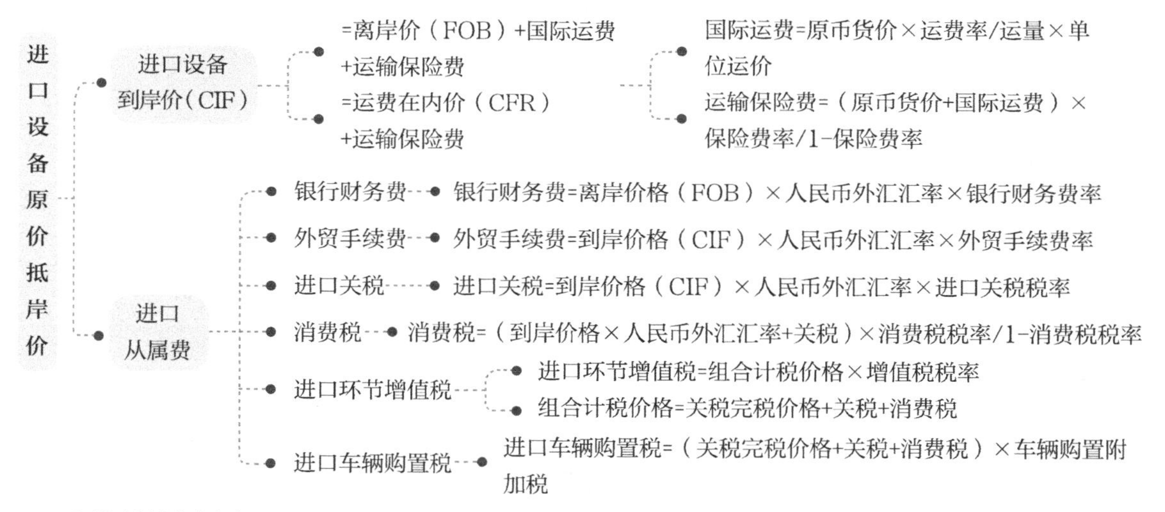

国际贸易术语

FOB（**离岸价**）：**费用与风险划分点一致**。

CFR（**运费在内价**）：**卖方需要支付海上运费**。费用与风险划分点**不一致**。

CIF（**到岸价**）：卖方负有办理货物在运输途中最低险别的海运保险，并应**支付保险费**。

	办理运输	保险	出口手续	进口手续	风险转移
FOB	买方	买方	卖方	买方	货物装上船只
CFR	卖方	买方	卖方	买方	货物装上船只
CIF	卖方	卖方	卖方	买方	货物装上船只

（三）设备运杂费的构成及计算

1. 设备运杂费的构成

（1）运费和装卸费	1）国产设备：**交货地点**至工地仓库； 2）进口设备：**我国到岸港口或边境车**站至工地仓库
（2）包装费	**没有包含**在设备原价中的**为运输**进行包装的各种费用
（3）设备供销部门手续费	按有关部门规定的统一费率计算
（4）采购与仓库保管费	包括**设备采购人员、保管人员和管理人员的工资、工资附加费、办公费、差旅交通费，设备供应部门办公和仓库所占固定资产使用费、工具用具使用费、劳动保护费、检验试验费**等

2. 设备运杂费＝设备原价×设备运杂费率

二、工器具及生产家具购置费

工器具及生产家具购置费=设备购置费×定额费率

强化练习

1 货物灭失或损坏的风险在货物交到船上时转移，同时买方承担自那时起的一切费用。该种交易价格被称为（　　）。

A．离岸价　　B．运费在内价　　C．到岸价　　D．抵岸价

【答案】A

【解析】装运港船上交货时的价格亦称为离岸价格。货物灭失或损坏的风险在货物交到船上时转移，同时买方承担自那时起的一切费用。

2 已知国内制造厂生产某非标准设备所用材料费、加工费、辅助材料费、专用工具费、废品损失费共20万元，外购配套件费3万元，非标准设备设计费1万元，包装费率1%，利润率为8%，若其他费用不考虑，则该设备的原价为（　　）万元。

A．25.82　　B．25.85　　C．26.09　　D．29.09

【答案】B

【解析】单台非标准设备原价={[（材料费+加工费+辅助材料费）×（1+专用工具费率）×（1+废品损失费率）+外购配套件费]（1+包装费率）−外购配套件费}×（1+利润率）

+外购配套件费+非标准设备设计费+增值税，代入数值得{[（20+3）×（1+1%）−3]（1+8%）+1+3}万元=25.85万元。

3 设备运杂费通常的构成不包括（　）。

A. 运费和装卸费　　B. 包装费

C. 废品损失费　　D. 设备供销部门的手续费

【答案】C

【解析】设备运杂费是指国内采购设备自来源地、国外采购设备自到岸港运至工地仓库或指定堆放地点发生的采购、运输、运输保险、保管、装卸等费用，通常由下列各项构成：1）运费和装卸费；2）包装费；3）设备供销部门的手续费；4）采购与仓库保管费。

4 国产非标准设备原价的确定可采用的方法是（　）。

A. 概算指标法和定额估价法　　B. 成本计算估价法和概算指标法

C. 分部组合估价法和百分比法　　D. 成本计算估价法和分部组合估价法

【答案】D

【解析】本题考查的是设备购置费的构成和计算。国产非标准设备原价有多种不同的计算方法，如成本计算估价法、系列设备插入估价法、分部组合估价法、定额估价法。

5 设备购置费是指为建设项目购置或自制的达到（　）的设备所需的费用。

A. 固定资产标准　B. 生产规模　C. 设计标准　D. 带备件的标准

【答案】A

【解析】设备购置费是指购置或自制的达到固定资产标准的设备所需的费用。由设备原价和设备运杂费构成。

6 国产非标准设备原价的计算方法有（　）。

A. 分部组合估价法　　B. 成本计算估价法　　C. 定额估价法

D. 系列设备插入估价法　　E. 生产费用综合法

【答案】ABCD

【解析】国产非标准设备原价有多种不同的计算方法，如成本计算估价法、系列设备插入估价法、分部组合估价法、定额估价法等。

7 采购与仓库保管费指采购、验收、保管和收发设备所发生的各种费用，包括（　）等。

A. 设备采购人员、保管人员和管理人员的工资

B. 工资附加费、办公费、差旅交通费

C. 设备供应部门办公和仓库所占固定资产使用费

D. 工具用具购买及出售费

E. 劳动保护费、检验试验费

【答案】ABCE

【解析】采购与仓库保管费。指采购、验收、保管和收发设备所发生的各种费用，包括设备采购人员、保管人员和管理人员的工资、工资附加费、办公费、差旅交通费，设备

供应部门办公和仓库所占固定资产使用费、工具用具使用费、劳动保护费、检验试验费等这些费用可按主管部门规定的采购与保管费费率计算。

8 **计算设备进口环节增值税时，作为计算基数的计税价格包括（　）。**

A．外贸手续费　　B．到岸价　　C．设备运杂费

D．关税　　E．消费税

【**答案**】BDE

【**解析**】本题考查的是进口设备原价的构成及计算。进口环节增值税=（关税完税价格+关税+消费税）×增值税税率

第五节　工程建设其他费用

思维导图

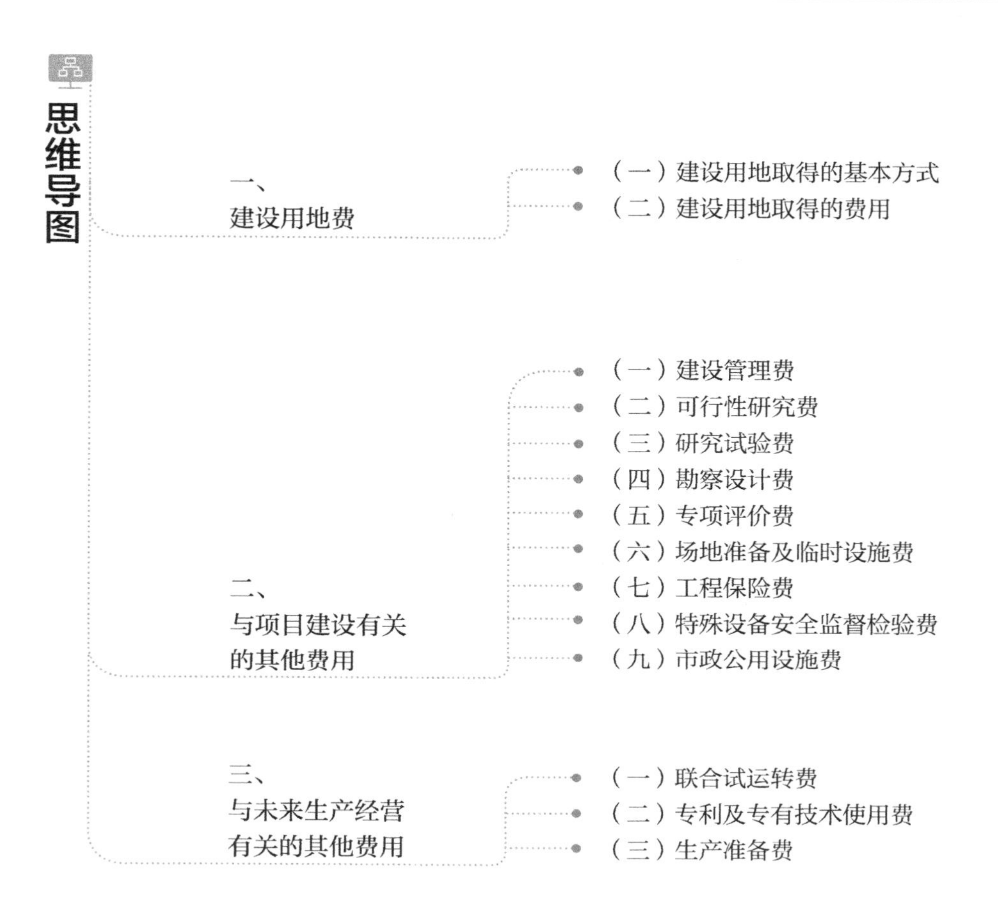

高频考点

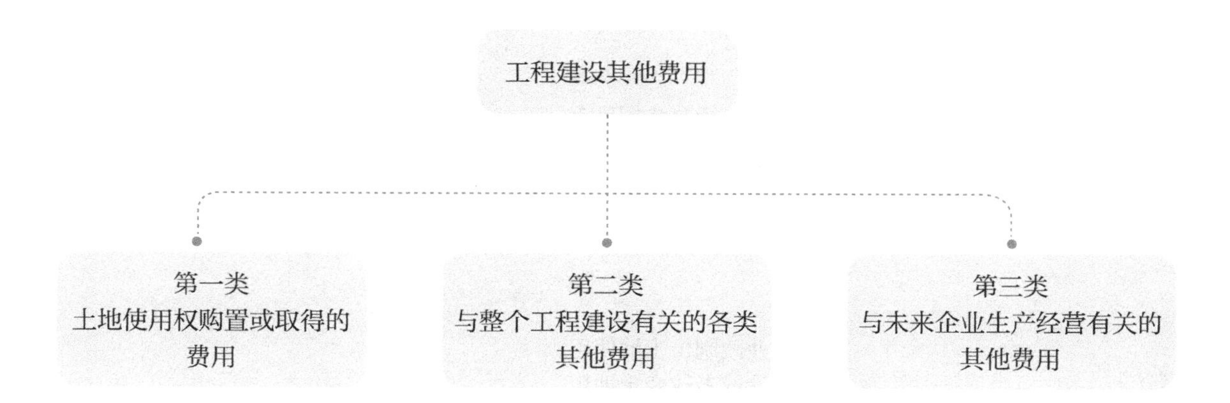

一、建设用地费

（一）建设用地取得的基本方式

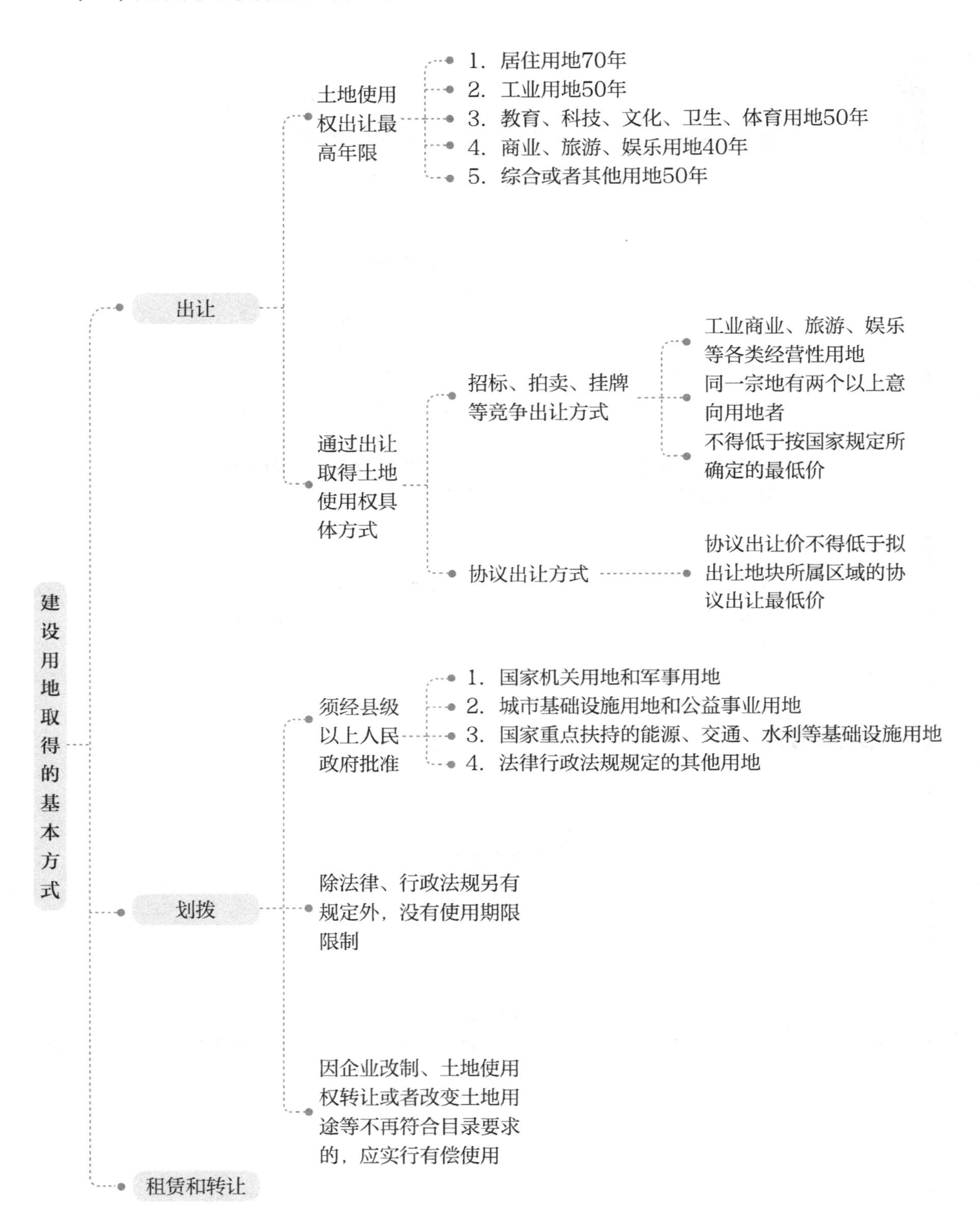

（二）建设用地取得的费用

1．征地补偿费

建设征用土地费用（征地补偿费）

- 1．土地补偿费
  - 土地补偿费归农村集体经济组织所有
- 2．青苗补偿费和地上附着物补偿费
  - 视协商征地方案前地上附着物价值与折旧情况确定；标准由省、自治区、直辖市规定，给予所有者补偿；拆什么，补什么；拆多少，补多少，不低于原来水平
- 3．安置补偿费
  - （1）农业人口安置补偿费标准为该耕地被征收前三年平均年产值的4～6倍
  - （2）每公顷被征收耕地的安置费最高不得超过被征收前三年平均年产值的15倍
  - （3）土地补偿费和安置费的总和不得超过土地被征收前三年平均年产值的30倍
- 4．新菜地开发建设基金
  - 菜地是指连续3年以上种菜或养鱼、虾等的商品菜地和精养鱼塘。一年只种一茬或因调整茬口安排种植蔬菜的，不收取该基金。尚未开发的规划菜地不缴纳新菜地开发建设基金
- 5．耕地占用税
  - 包括耕地、鱼塘、园地等，均按实际占用的面积和规定的税额一次性征收
  - 耕地是指用于种植农作物的土地，占用前三年曾用于种植农作物的土地也视为耕地
- 6．土地管理费
  - 前四项之和的2%～4%征地包干的，前4项基础上加粮食价差、不可预见费等基础上的2%～4%

2. 拆迁补偿费用

拆迁补偿	**货币补偿**：以房地产市场评估价格确定； **产权调换**：补偿金额和所调换房屋的价格，结清产权调换的差价
搬迁、安置补助费	提前搬家→有奖励费，过渡期→给予临时安置补助费；提供周转房的不再支付临时安置补助费； 造成**停产、停业**损失的，给予**一次性综合**补助费

3. 出让金、土地转让金

城市基准地价并结合其他因素制定。**政府对地价不作统一**规定时坚持以下原则：

（1）对投资**环境不产生大**的影响。

（2）与社会**经济承受能力相适应**。

（3）要考虑**已投入**的**土地开发费用、土地市场供求关系、土地用途和使用年限**等。

二、与项目建设有关的其他费用

费用构成	**具体内容**
1. **建设管理费**	（1）**建设单位管理费**：起止时间：自项目筹建之日起→办理竣工财务决算之日止。（多关注教材上例子） 代建制项目，代建管理费等同建设单位管理费，**不得同时**计列建设单位管理费中。 （2）**工程监理费**：实行市场调节价
2. **可行性研究费**	**存在投资决策阶段**。 依据前期研究委托合同计列，实行市场调节价
3. **研究试验费**	▲注意**不应包括**以下项目： （1）应由**科技三项费用开支：新产品试制费、中间试验费和重要科学研究补助费；** （2）**进行一般鉴定、检查的费用及技术革新的研究试验费；** （3）**应在勘察设计费或工程费用中开支的项目**
4. **勘察设计费**	此项费用实行市场调节价
5. **专项评价费**	重点掌握专项评价费包含的内容，关注教材上的例子
6. **场地准备及临时设施费**	（1）内容：①**场地平整费**；②**建设单位的临时设施费** （2）计算： ①尽量与永久性工程统一考虑。**大型土石方进入工程费用总图运输费中。** ②**新建项目→按实际工程量估算/工程费用的比例计算。改扩建项目→只计拆除清理费**。 场地准备和临时设施费=工程费用×费率+拆除清理费 （3）**拆除清理费**→按新建同类工程造价或主材费、设备费的比例计算。**可回收材料**的拆除工程→采用**以料抵工方式**冲抵。 （4）此项费用**不包括**施工单位**临时设施费用**

续表

7. 工程保险费	包括建筑安装工程一切险、工程质量保险、进口设备财产保险和人身意外伤害险等
8. 特殊设备安全监督检验费	费用标准→按省、市、自治区安全监察部门的规定
9. 市政公用设施费	按工程所在地人民政府规定标准

三、与未来生产经营有关的其他费用

1. 联合试运转费	（1）交付生产前→负荷联合试运转的费用净支出（试运转支出大于收入的差额部分费用）。 （2）试运转支出不包括（调试及试车费用，因施工原因或设备缺陷处理费用）
2. 专利及专有技术使用费	（1）主要内容： ①国外设计及技术资料费、引进时的技术保密费； ②国内有效专利、专有技术使用费； ③商标权、商誉和特许经营权费等。 （2）计算： ①按许可协议和使用合同计列； ②专有技术的界定→省、部级鉴定的批准为依据； ③只计在建设期支付的；生产期支付的→在生产成本中核算； ④一次性支付的商标权、商誉及特许经营权费按协议或合同规定计列； ⑤项目配套的专用设施投资，由建设单位投资但无产权的，作无形资产处理
3. 生产准备费	（1）人员培训费及提前进厂费； （2）为保证初期正常生产所必需的生产办公、生活家具用具购置费

强化练习

1 通过出让方式获取国有土地使用权的具体方式不包括（　　）。

A．招标　　B．协议　　C．拍卖　　D．划拨

【答案】D

【解析】通过出让方式获取土地使用权又可以分成两种具体方式：一是通过招标、拍卖、挂牌等竞争出让方式获取国有土地使用权，二是通过协议出让方式获取国有土地使用权。

2 **建设单位通过市场机制取得建设用地，不仅应承担征地补偿费用、拆迁补偿费用，还须向土地所有者支付（　　）。**

A．安置补助费　　B．土地出让金　　C．青苗补偿费　　D．土地管理费

【答案】B

【解析】建设用地若通过市场机制取得，则不但承担征地补偿费用、拆迁补偿费用，还须向土地所有者支付有偿使用费，即土地出让金。

3 **下列费用项目中，应在研究试验费中列支的是（　　）。**

A．为验证设计数据而进行必要的研究试验所需的费用

B．新产品试验费

C．施工企业技术革新的研究试验费

D．重要科学研究补助费

【答案】A

【解析】研究试验费是指为建设项目提供或验证设计数据、资料等进行必要的研究试验及按照相关规定在建设过程中必须进行试验、验证所需的费用。包括自行或委托其他部门研究试验所需人工费、材料费、试验设备及仪器使用费等。

4 **关于联合试运转费，下列说法中正确的是（　　）。**

A．包括对整个生产线或装置运行无负荷和有负荷试运转所发生的费用

B．包括施工单位参加试运转人员的工资及专家指导费

C．包括试运转中暴露的因设备缺陷发生的处理费用

D．包括对单台设备进行单机试运转工作的调试费

【答案】B

【解析】联合试运转费是试运转支出大于收入的差额部分费用，其中试运转支出包括：试运转所需原材料、燃料及动力消耗、低值易耗品、其他物料消耗、工具用具使用费、机械使用费、保险金、施工单位参加试运转人员工资以及专家指导费等。

5 **工业用地使用权出让最高年限为（　　）年。**

A．30　　B．50　　C．40　　D．70

【答案】B

【解析】土地使用权出让最高年限按下列用途确定：（1）居住用地70年；（2）工业用地50年；（3）教育、科技、文化、卫生、体育用地50年；（4）商业、旅游、娱乐用地40年；（5）综合或者其他用地50年。

6 **土地补偿费和安置补助费的总和不得超过土地被征收前三年平均年产值的（　　）倍。**

A．10　　B．15　　C．20　　D．30

【答案】D

【解析】每一个需要安置的农业人口的安置补助费标准，为该耕地被征收前三年平均年产值的4～6倍。但是，每公顷被征收耕地的安置补助费，最高不得超过被征收前三年平均年产值的15倍。土地补偿费和安置补助费，尚不能使需要安置的农民保持原有生活水平的，经省、自治区、直辖市人民政府批准，可以增加安置补助费。但是，土地补偿费和安置补助费的总和不得超过土地被征收前三年平均年产值的30倍。

7 下列建设用地取得费用中，属于征地补偿费的有（　）。

A．土地补偿费　B．安置补助费　C．搬迁补助费

D．土地管理费　E．土地转让金

【答案】ABD

【解析】本题考查的是建设用地取得的费用。征地补偿费包括：(1) 土地补偿费；(2) 青苗补偿费和地上附着物补偿费；(3) 安置补助费；(4) 新菜地开发建设基金；(5) 耕地占用税；(6) 土地管理费。

8 下列与项目建设有关的其他费用中属于建设管理费的有（　）。

A．建设单位管理费　B．引进技术和引进设备其他费

C．工程监理费　D．场地准备费　E．工程总承包管理费

【答案】ACE

【解析】与项目建设有关的其他费用中，建设管理费的内容包括建设单位管理费、工程监理费、工程总承包管理费。

第六节　预备费和建设期利息

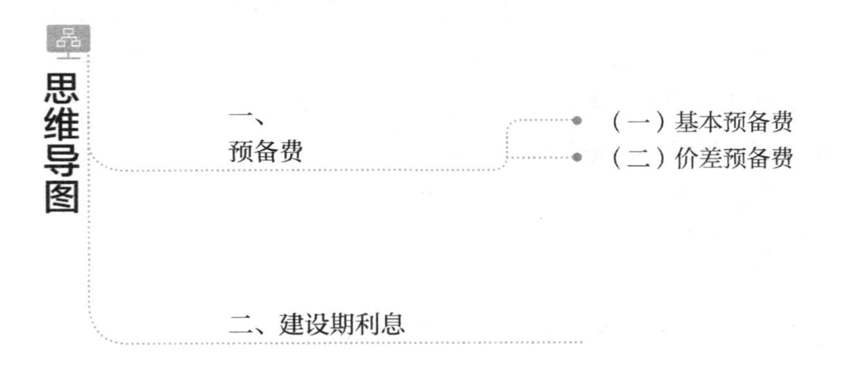

高频考点

一、预备费

（一）基本预备费

含义	又称**工程建设不可预见费**。在估算或概算阶段预留。 作用：用于支付**不可预见的工程变更及洽商、一般自然灾害处理、地下障碍物处理、超规超限设备运输**等可能增加的费用
内容	**基本预备费由以下四部分组成：** （1）概算范围内增加的设计变更、局部地基处理费用。 （2）一般自然灾害及预防自然灾害的措施的费用。 （3）竣工验收时为鉴定工程质量，对隐蔽工程进行必要的挖掘和修复费用。 （4）超规超限设备运输增加费用
估算方法	**（工程费用+工程建设其他费用）×基本预备费率**

（二）价差预备费

内容	（1）**人、材、机、设备的价差；** （2）建安费及工程建设其他费用的调整； （3）**利率、汇率调整**等增加的费用
测算方法	采用**复利方法**计算

二、建设期利息

是指在建设期内发生的为工程项目筹措资金的融资费用及债务资金利息。

建设期利息要计入固定资产。

国外贷款利息计算，年利率应综合考虑贷款协议中向贷款方加收的**手续费、管理费、承诺费**以及**国内代理机构**向贷款方收取的**转贷费、担保费、管理费**等。

强化练习

1 基本预备费是指在投资估算或设计概算内难以预料的工程费用，下列关于其费用内容叙述错误的是（　　）。

A. 实行工程保险的工程项目费用应适当提高

B. 竣工验收时为鉴定工程质量，对隐蔽工程进行必要的挖掘和修复的费用

C. 超规超限设备运输过程中可能增加的费用

D. 在批准的基础设计和概算范围内增加的设计变更、局部地基处理等费用

【答案】A

【解析】基本预备费费用内容包括：

（1）在批准的基础设计和概算范围内增加的设计变更、局部地基处理等费用。

（2）一般自然灾害造成的损失和预防自然灾害所采取措施的费用。

（3）竣工验收时为鉴定工程质量，对隐蔽工程进行必要的挖掘和修复的费用。

（4）超规超限设备运输过程中可能增加的费用。

2 在我国建设项目投资构成中，超规超限设备运输增加的费用属于（　　）。

A. 设备及工（器）具购置费　　B. 基本预备费

C. 工程建设其他费　　D. 建筑安装工程费

【答案】B

【解析】基本预备费是指在投资估算或设计概算阶段预留的，由于工程实施中不可预见的工程变更及洽商、一般自然灾害处理、地下障碍物处理、超规超限设备运输等可能增加的费用。

3 建设工程价差预备费的计算应是（　　）。

A. 以编制年费的静态投资额为基数，采用单利方法

B. 以编制年费的静态投资额为基数，采用复利方法

C. 以估算年份价格水平的投资额为基数，采用单利方法

D. 以估算年份价格水平的投资额为基数，采用复利方法

【答案】D

【解析】价差预备费的测算方法，一般根据国家规定的投资综合价格指数。按估算年份价格水平的投资额为基数，根据价格变动趋势，预测价值上涨率，采用复利方法计算。

4 基本预备费的计费基数是（　　）。

A. 设备及工（器）具购置费

B. 建筑安装工程费

C. 设备及工（器）具购置费+建筑安装工程费

D. 设备及工（器）具购置费+建筑安装工程费+工程建设其他费用

【答案】D

【解析】基本预备费估算，一般是以建设项目的工程费用和工程建设其他费用之和为基础，乘以基本预备费率进行计算。

5 **某建设项目建筑安装工程费为6000万元，设备购置费为1000万元，工程建设其他费用为2000万元，建设期利息为500万元。若基本预备费费率为5%，则该建设项目的基本预备费为（　）万元。**

A．350　　B．400　　C．450　　D．475

【答案】C

【解析】本题考查的是预备费和建设期利息。基本预备费=（工程费用+工程建设其他费用）×基本预备费率=（6000+1000+2000）×5%=450万元

第四章

工程计价方法及依据

思维导图

- 第一节 工程计价方法
  - 一、工程计价的基本方法
  - 二、工程定额计价
  - 三、工程量清单计价
- 第二节 工程计价依据的分类
  - 一、工程计价依据的分类
  - 二、工程计价依据改革的主要任务
- 第三节 预算定额、概算定额、概算指标、投资估算指标和造价指标
  - 一、预算定额
  - 二、概算定额
  - 三、概算指标
  - 四、投资估算指标
  - 五、工程造价指标
- 第四节 人工、材料、机具台班消耗量定额
  - 一、劳动定额
  - 二、材料消耗定额
  - 三、施工机具台班定额
- 第五节 人工、材料、机具台班单价及定额基价
  - 一、人工单价
  - 二、材料单价
  - 三、施工机具台班单价
  - 四、定额基价
- 第六节 建筑安装工程费用定额
  - 一、建筑安装工程费用定额的编制原则
  - 二、企业管理费与规费费率的确定
  - 三、利润
  - 四、增值税
- 第七节 工程造价信息及应用
  - 一、工程造价信息及其主要内容
  - 二、工程造价指数
  - 三、工程计价信息的动态管理
  - 四、信息技术在工程造价计价与计量中的应用
  - 五、BIM 技术与工程造价

第一节　工程计价方法

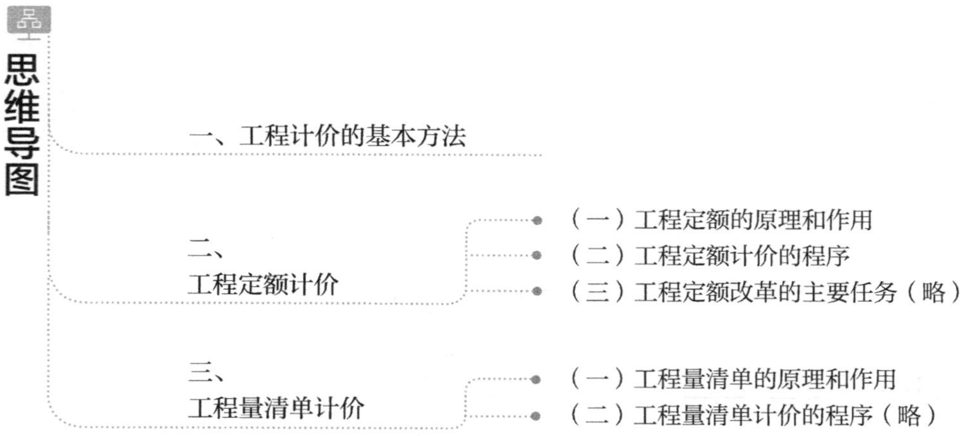

思维导图

- 一、工程计价的基本方法
- 二、工程定额计价
  - （一）工程定额的原理和作用
  - （二）工程定额计价的程序
  - （三）工程定额改革的主要任务（略）
- 三、工程量清单计价
  - （一）工程量清单的原理和作用
  - （二）工程量清单计价的程序（略）

高频考点

一、工程计价的基本方法

计价顺序：**分部分项工程造价→单位工程造价→单项工程造价→建设项目总造价**

影响因素：单位价格和实物工程数量。

子项的单价高，造价就高；子项的实物数量大，造价也就大。（正比关系）

子项的单价分析方法：

1. 工料单价	**仅考虑**人、材、机的消耗量和价格 **公式：单位价格=Σ（工程子项的资源要素消耗量×资源要素的价格）**
2. 综合单价	（1）适用于**工程量清单计价**； （2）我国现行的清单综合单价为**非完全综合单价**； （3）综合单价包含**人、材、机、管理费和利润、风险费**等； （4）分部分项工程费、措施项目费和其他项目费后计取规费和税金，最后**汇总单位工程造价**

工程计价包括：

1. 定额计价	（1）主要用于**国有资金投资**项目**编制投资估算、设计概算、施工图预算和最高投标限价**； （2）**非国有资金**投资的工程，在项目建设前期和交易阶段，工程定额作为**计价的辅助依据**
2. 工程量清单	用于**发承包及实施阶段**，工程量清单计价用于**合同价格形成以及后续的合同价款管理**

二、工程定额计价

（一）工程定额的原理和作用

1. 工程定额的原理

工程定额：指在正常施工条件下完成规定计量单位的合格建筑安装工程所消耗的**人、材、机、工期天数及相关费率**等的数量标准。

按用途不同划分	**施工**定额、**预算**定额、**概算**定额、**概算指标和估算指标**
按单位和执行范围的不同划分	**全国统一**定额、**行业**定额、**地区统一**定额、**企业**定额、**补充**定额

2. 工程定额的作用

（1）施工定额	是**施工企业成本管理和工料计划**的重要依据
（2）预算定额	（1）是一种**计价性**定额，以**施工定额为基础**综合扩大编制而成。 （2）用于**施工图预算**的编制，也可用于**工程量清单计价中综合单价**的计算
（3）概算定额	是一种**计价性**定额，反映完成**扩大分项**工程的人、材、机消耗量及其相应费用，以**预算定额**为基础编制，用于**设计概算**的编制
（4）概算指标	是一种**计价**定额，用于编制**初步设计概算**，一般**以建筑面积、体积或成套设备装置的台或组等为计量单位**，反映完成**扩大分项**工程的相应费用，也可以表现其人、材、机的消耗量
（5）投资估算指标	反映建设总投资及其各项费用构成的**经济指标**。**包括建设项目综合估算指标，单项工程估算指标和单位工程估算指标**

（二）工程定额计价的程序（注意次序）

1. 第一阶段：**收集资料**
2. 第二阶段：**熟悉图纸和现场**
3. 第三阶段：**计算工程量**
4. 第四阶段：**套定额单价**
5. 第五阶段：**编制工料分析表**
6. 第六阶段：**费用计算**
7. 第七阶段：**复核**
8. 第八阶段：**编制说明**

（三）工程定额改革的主要任务（略）

三、工程量清单计价

（一）工程量清单的原理和作用

1．原理

在相应各专业工程清单项目设置及工程量计算规则基础上，计算出各个清单项目工程量→计算综合单价→汇总得出工程造价。

2．作用

（1）**提供一个平等的竞争条件**：工程量相同的，企业填价	（2）**满足竞争的需要**（管理竞争水平）
（3）**利于工程款的拨付和工程造价的最终结算**	（4）**利于招标人对投资的控制**

3．费用计算

其具体计算原则和方法如下：

<table>
<tr><td colspan="2">分部分项工程费=∑（分部分项工程量×分部分项工程项目综合单价）</td></tr>
<tr><td colspan="2">其中，分部分项工程项目综合单价由人工费、材料费、机械费、管理费和利润组成，并考虑风险因素</td></tr>
<tr><td rowspan="2">措施项目费分两种：应予计量措施项目（单价措施项目）和不宜计量的措施项目（总价措施项目）</td><td>单价措施项目费=∑（措施项目工程量×措施项目综合单价）</td></tr>
<tr><td>总价措施项目=∑（措施项目计费基数×费率）</td></tr>
<tr><td colspan="2">其中，单价措施项目综合单价的构成与分部分项工程项目综合单价构成类似</td></tr>
<tr><td colspan="2">单位工程造价=分部分项工程费+措施项目费+其他项目费+规费+增值税</td></tr>
</table>

（二）工程量清单计价的程序（略）

强化练习

1 **工程造价计价的顺序是（　）。**

A．工程项目单价→单项工程造价→单位工程造价→建设项目总造价

B．分部分项工程造价→单位工程造价→单项工程造价→建设项目总造价

C．单项工程造价→单位工程造价→工程项目单价→建设项目总造价

D．单位工程造价→单项工程造价→工程项目单价→建设项目总造价

【**答案**】B

【**解析**】从工程费用计算角度分析，工程计价的顺序是：分部分项工程造价→单位工程

造价→单项工程造价→建设项目总造价。

2 **作为工程定额体系的重要组成部分，预算定额是（　　）。**

A．完成一定计价单位的某一施工过程所需要消耗的人工、材料和机械台班数量标准

B．完成一定计量单位合格分项工程和结构构件所需消耗的人工、材料、施工机械台班数量及其费用标准

C．完成单位合格扩大分项工程所需消耗的人工、材料和施工机械台班数量及费用标准

D．完成一个规定计量单位建筑安装产品的费用消耗标准

【答案】B

【解析】预算定额是在正常的施工条件下，完成一定计量单位合格分项工程和结构构件所需消耗的人工、材料、施工机具台班数量及其费用标准。预算定额是一种计价性定额，基本反映完成分项工程或结构构件的人、材、机消耗量及其相应费用，以施工定额为基础综合扩大编制而成，主要用于施工图预算的编制，也可用于工程量清单计价中综合单价的计算。

3 **施工组织设计是由（　　）根据施工特点、现场情况、施工工期等有关条件编制的，用来确定施工方案，布置现场，安排进度计价时应注意施工组织设计中影响工程费用的因素。**

A．施工单位　　B．监理单位　　C．分包单位　　D．设计单位

【答案】A

【解析】施工组织设计是由施工单位根据施工特点、现场情况、施工工期等有关条件编制的，用来确定施工方案，布置现场，安排进度计价时应注意施工组织设计中影响工程费用的因素。

4 **下列各项定额中，不属于按用途分类的是（　　）定额。**

A．企业　　B．施工　　C．预算　　D．概算

【答案】A

【解析】工程定额按照不同用途，可以分为施工定额、预算定额、概算定额、概算指标和估算指标等。按编制单位和执行范围的不同可以分为全国统一定额、行业定额、地区统一定额、企业定额、补充定额。

5 **下列定额中，项目划分最细的计价定额是（　　）。**

A．材料消耗定额　　B．劳动定额　　C．预算定额　　D．概算定额

【答案】C

【解析】本题考查的是工程计价方法。项目划分最细的计价定额是预算定额。

	施工定额	预算定额	概算定额	概算指标	投资估算指标
对象	施工过程或基本工序	分项工程或结构构件	扩大分项工程或扩大结构构件	建筑物或构筑物	建设项目、单项工程、单位工程

续表

	施工定额	预算定额	概算定额	概算指标	投资估算指标
用途	编制施工预算	编制施工图预算	编制扩大初步设计概算	编制初步设计概算	编制投资估算
项目划分	最细	细	较粗	粗	很粗
定额水平	平均先进	平均	平均	平均	平均
定额性质	生产性定额	计价性定额			

6 工程定额计价的主要程序有：①计算工程量；②套用定额单价；③费用计算；④复核；⑤熟悉施工图纸和现场，正确的步骤是（　）。

A．④⑤①②③　　B．⑤①④②③

C．⑤②①④③　　D．⑤①②③④

【答案】D

【解析】定额单价法编制施工图预算的基本步骤如下：第一阶段收集资料；第二阶段熟悉图纸和现场；第三阶段计算工程量；第四阶段套定额单价；第五阶段编制工料分析表；第六阶段费用计算；第七阶段复核；第八阶段编制说明。

7 影响工程造价计价的两个主要因素是（　）。

A．单位价格和实物工程量　　B．单位价格和单位消耗量

C．资源市场单价和单位消耗量　　D．资源市场单价和措施项目工程量

【答案】A

【解析】影响工程造价的主要因素是两个，即单位价格和实物工程数量。

8 关于投资估算指标，下列说法中正确的有（　）。

A．应以单项工程为编制对象

B．是反映建设总投资及其各项费用的经济指标

C．投资估算指标是一种计价定额

D．投资估算指标主要用于编制投资估算

E．投资估算指标只能反映建设项目、单项工程、单位工程的相应费用指标

【答案】BCD

【解析】投资估算指标是以建设项目、单项工程、单位工程为对象，反映建设总投资及其各项费用构成的经济指标，故选项A错误；投资估算指标反映其建设总投资及其各项费用构成的经济指标，故选项B正确；投资估算指标也是一种计价定额，故选项C正确；投资估算指标主要用于编制投资估算，故选项D正确；基本反映建设项目、单项工程、单位工程的相应费用指标，也可以反映其人、材、机消耗量，包括建设项目综合估算指标、单项工程估算指标和单位工程估算指标，故选项E错误。

第二节 工程计价依据的分类

思维导图

- 一、工程计价依据的分类
  - （一）按用途分类
  - （二）按使用对象分类
- 二、工程计价依据改革的主要任务

高频考点

一、工程计价依据的分类

计价依据一般以**合同形式**确定。

要求：

1. 符合实际，准确、可靠	2. 有权威，可信度高
3. 便于计算	4. 描述清晰，便于正确利用

（一）按用途分类

第一类：**规范工程计价的依据**	第二类：**计算设备数量和工程量的依据**
第三类：**计算分部分项工程人、材、机消耗量及费用的依据**	
第四类：计算**建筑安装工程费用**的依据	第五类：计算**设备费**的依据
第六类：计算**工程建设其他费用**的依据	第七类：**相关的法规和政策**

（二）按使用对象分类

第一类：规范**建设单位计价行为**的依据；

第二类：规范**建设单位和承包商双方计价行为**的依据。

二、工程计价依据改革的主要任务

（1）统一各行业各地区计价规则，**以工程量清单为核心**。

（2）建立**多层级**工程量清单。**推行工程量清单全费用综合单价，鼓励编制全费用定额**。推广适合清单计价的**要素价格指数调价法**。

（3）**研究制定**工程定额编制规则，统一全国工程定额编码、子目设置、工作内容等编制要求，**并与工程量清单规范衔接**。

强化练习

1 **以下属于计算分部分项工程人工、材料、机械台班消耗量及费用依据的是（　）。**

A．工程造价信息　　B．工程建设其他费定额

C．间接费定额　　D．运杂费率

【答案】A

【解析】计算分部分项工程人工、材料、机具台班消耗量及费用的依据：（1）概算指标、概算定额、预算定额。（2）人工单价。（3）材料预算单价。（4）机具台班单价。（5）工程造价信息。

2 **以下属于计算建筑安装工程费用依据的是（　）。**

A．用地指标　　B．工程建设其他费定额

C．费用定额　　D．运杂费率

【答案】C

【解析】计算建筑安装工程费用的依据：（1）费用定额。（2）价格指数。

3 **计算分部分项工程人工、材料、机械台班消耗量及费用的依据是（　）。**

A．设备价格、运杂费率　　B．概算指标、概算定额、预算定额

C．人工单价　　D．材料预算单价

E．机具台班单价

【答案】BCDE

【解析】计算分部分项工程人工、材料、机具台班消耗量及费用的依据：概算指标、概算定额、预算定额；人工单价；材料预算单价；机具台班单价；工程造价信息。

4 **工程计价依据必须满足的要求包括（　）。**

A．准确可靠，符合实际　　B．定性描述清晰，便于正确利用

C．社会平均合理水平高　　D．可信度高，具有权威性

E．数据化表达，便于计算

【答案】ABDE

【解析】工程计价依据必须满足以下要求：

（1）准确可靠，符合实际；

（2）可信度高，具有权威；

（3）数据化表达，便于计算；

（4）定性描述清晰，便于正确利用。

5 **工程造价的计价依据按用途分类可以分为7大类，其中计算设备费依据的是（　）。**

A．各项工程建设其他费用定额　　B．设备价格、运杂费率等

C．间接费定额　　D．概算指标、概算定额、预算定额

【答案】B

【解析】计算设备费的依据：设备价格、运杂费率等。

第三节　预算定额、概算定额、概算指标、投资估算指标和造价指标

高频考点

一、预算定额

（一）预算定额的作用

1. **编制预算、确定建筑安装工程造价**的基础。
2. **编制施工组织设计**的依据。
3. **施工单位进行经济活动分析**的依据。
4. **编制概算定额**的基础。
5. **编制最高投标限价**的基础。

（二）预算定额的编制原则

1. 社会平均水平原则。

2. 简明适用原则。

（三）预算定额的编制依据（略）

（四）预算定额的编制步骤

1. **确定编制细则；**

2. 确定**项目划分和工程量计算规则；**

3. 定额**人、材、机耗用量的计算、复核和测算**。

（五）预算定额消耗量的确定

1. 预算定额计量单位的确定

计量单位的选择，与**预算定额的准确性、简明适用性**及**工作的繁简**有关系。

确定预算定额计量单位：

（1）首先，预算定额的准确性；

（2）其次，**保证定额的综合性；**

（3）最后，保证定额编制的准确性和及时性。

单位确定后，用所取单位**的10倍**、**100倍**等倍数的计量单位来编制。

2. 预算定额中人、材、机消耗量的确定

（1）人消耗量的确定	包括**基本用工、材料超运距用工、辅助用工和人工幅度差**
（2）材消耗量的确定	1）含**主材、辅材、周转性**材料和**其他**材料。 2）图纸有标注尺寸及下料要求的，按**计算的材料净用量**，如混凝土、钢筋等材料。 3）**材料损耗量：**现场内材料运输损耗及施工操作过程中损耗。 4）**周转性材料**
（3）机消耗量的确定	计量单位是“**台班**”，按**8小时**计算

（六）编制定额项目表

人工消耗量指标→**按工种**工日数；**材料消耗量**指标→**列出主要材料名称、单位和实物消耗量；施工机具使用量指标→列出主要施工机具的名称和台班数**。

（七）预算定额的编排

按**工程所在地**的市场价格进行价差调整，体现**量价分离**的原则。预算定额主要包括**文字**

说明、分项定额、消耗量指标和附录等。

二、概算定额

（一）概算定额的主要作用

1. 是**扩大初设计阶段→编制设计概算**、**技术设计阶段→编制修正概算**的依据。
2. 是**进行技术经济分析和比较**的基础资料。
3. 作为**编制项目主要材料计划**的参考。
4. 是**编制概算指标、最高投标限价**的依据。

（二）概算定额的编制依据（略）

（三）概算定额的编制步骤

1. 准备工作阶段。
2. 编制初稿阶段。
3. 审查定稿阶段。

三、概算指标

是以**整个建（构）筑物**为对象，以“m^2”“m^3”或“座”等为计量单位。

（一）主要作用	1. 是编制投资估算和基本建设计划，**估算主要材料用量计划的依据**； 2. 是**编制初设计概算、选设计方案**的依据； 3. 是考核**基本建设投资效果**的依据
（二）主要内容和形式	1. **概况**； 2. **造价及费用**组成； 3. 每平方米**建筑面积的工程量指标**； 4. 每平方米建筑面积的**工料消耗指标**
（三）编制依据	1. 标准**设计图纸和各类工程**典型设计； 2. 国家颁发的建筑标准、设计规范、施工规范等； 3. 各类工程**造价资料**； 4. 现行的**概算、预算定额及补充定额**； 5. 人工工资标准、**材料预算价格、机具台班预算价格及其他**价格资料
（四）编制步骤	（1）首先**成立编制小组，拟定工作方案**，确定基价**所依据的人、材、机单价** （2）**整理**编制指标所需**设计图纸，设计预算** （3）**编制阶段**。选定图纸，计算工程量和编单位工程预算书，填写概算指标的表格 （4）**最后审查定稿**

四、投资估算指标

（一）作用

是合理确定项目投资的基础。提高投资估算的准确度。

（二）内容

分为**综合指标**、**单项工程指标**和**单位工程指标**三个层次。

（三）编制步骤

1. **收集整理资料阶段**。
2. **平衡调整阶段**。
3. **测算审查阶段**。

五、工程造价指标

（一）工程造价指标及其分类

1. 按照**工程构成**的不同，分为**建设投资指标和单项、单位工程造价**指标。
2. 按照**用途**的不同，分为**工程经济指标**、**工程量指标**、**工料价格指标**及**消耗量指标**。

（二）工程造价指标的测算

1. 应注意的问题	（1）数据的真实性	（2）符合时间要求	（3）根据工程特征进行测算
2. 测算方法	（1）数据统计法	（2）典型工程法	（3）汇总计算法

（三）工程造价指标的使用

1. 是**对已完或在建工程进行造价分析**的依据；
2. 是为**拟建类似项目工程计价**的重要依据；
3. 是**反映同类工程造价变化规律**的基础资料。

强化练习

1 既是企业施工成本管理，也是企业编制工料计划的依据的定额是（　　）。

A．施工定额　　B．概算指标　　C．预算定额　　D．概算定额

【答案】A

【解析】施工定额是指完成一定计量单位的某一施工过程，或基本工序所需消耗的人

工、材料和施工机具台班数量标准。施工定额是施工企业成本管理和工料计划的重要依据。

2 建设项目综合指标一般以项目的（　）表示。

A．综合生产能力单位投资　　B．单项工程生产能力单位投资

C．建筑安装工程费用　　D．投资估算指标的编制

【答案】A

【解析】建设项目综合指标一般以项目的综合生产能力单位投资表示，如元/t、元/kW;或以使用功能表示，如医院床位元/床。

3 概算指标的主要内容不包括（　）。

A．工程概况　　B．工程造价及费用组成

C．每平方米建筑面积的质量指标　　D．每平方米建筑面积的工料消耗指标

【答案】C

【解析】概算指标一般包括以下内容：

（1）工程概况。包括建筑面积，建筑层数，建筑地点、时间，工程各部位的结构及做法等。

（2）工程造价及费用组成。

（3）每平方米建筑面积的工程量指标。

（4）每平方米建筑面积的工料消耗指标。

4 关于概算定额的主要作用，下列说法不正确的是（　）。

A．编制最高投标限价的依据

B．是编制预算定额的依据

C．是编制建设项目主要材料计划的参考依据

D．是对设计项目进行技术经济分析和比较的基础资料之一

【答案】B

【解析】概算定额的主要作用：

（1）概算定额是扩大初步设计阶段编制设计概算和技术设计阶段编制修正概算的依据；

（2）概算定额是对设计项目进行技术经济分析和比较的基础资料之一；

（3）概算定额是编制建设项目主要材料计划的参考依据；

（4）概算定额是编制概算指标的依据；

（5）概算定额是编制最高投标限价的依据。

5 在计算预算定额人工工日消耗量时，包含在人工幅度差内的用工是（　）。

A．超运距用工　　B．材料加工用工

C．机械土方工程的配合用工　　D．工种交叉作业相互影响的停歇用工

【答案】D

【解析】本题考查的是预算定额、概算定额、概算指标、投资估算指标和造价指标。人工幅度差主要指正常施工条件下，劳动定额中没有包含的用工因素。例如：各工种交叉

作业配合工作的停歇时间，工程质量检查和工程隐蔽、验收等所占的时间。

6 下列材料损耗，应计入预算定额材料损耗量的是（　）。

A．场外运输损耗　　B．工地仓储损耗

C．一般性检验鉴定损耗　　D．施工加工损耗

【答案】D

【解析】本题考查的是预算定额、概算定额、概算指标、投资估算指标和造价指标。预算定额，材料损耗量，指在正常条件下不可避免的材料损耗，如现场内材料运输及施工操作过程中的损耗等。

7 下列工程中，属于概算指标编制对象的是（　）。

A．分项工程　　B．单项工程　　C．分部工程　　D．整个建筑物

【答案】D

【解析】本题考查的是预算定额、概算定额、概算指标、投资估算指标和造价指标。概算指标是以整个建筑物或构筑物为对象。

8 概算定额的编制步骤不包括的是（　）。

A．准备工作阶段　　B．编制初稿阶段　　C．编制定额项目表　　D．审查定稿阶段

【答案】C

【解析】概算定额的编制步骤：（1）准备工作阶段；（2）编制初稿阶段；（3）审查定稿阶段。

9 预算定额的施工机械台班消耗指标的计量单位是台班，按现行规定，每个工作台班按机械工作（　）小时计算。

A．5　　B．6　　C．8　　D．12

【答案】C

【解析】预算定额的施工机械台班消耗指标的计量单位是台班。按现行规定，每个工作台班按机械工作8小时计算。

10 下列材料损耗，应计入预算定额材料损耗量的是（　）。

A．场外运输损耗　　B．工地仓储损耗

C．一般性检验鉴定损耗　　D．施工加工损耗

【答案】D

【解析】本题考查的是预算定额、概算定额、概算指标、投资估算指标和造价指标。预算定额，材料损耗量，指在正常条件下不可避免的材料损耗，如现场内材料运输及施工操作过程中的损耗等。

第四节　人工、材料、机具台班消耗量定额

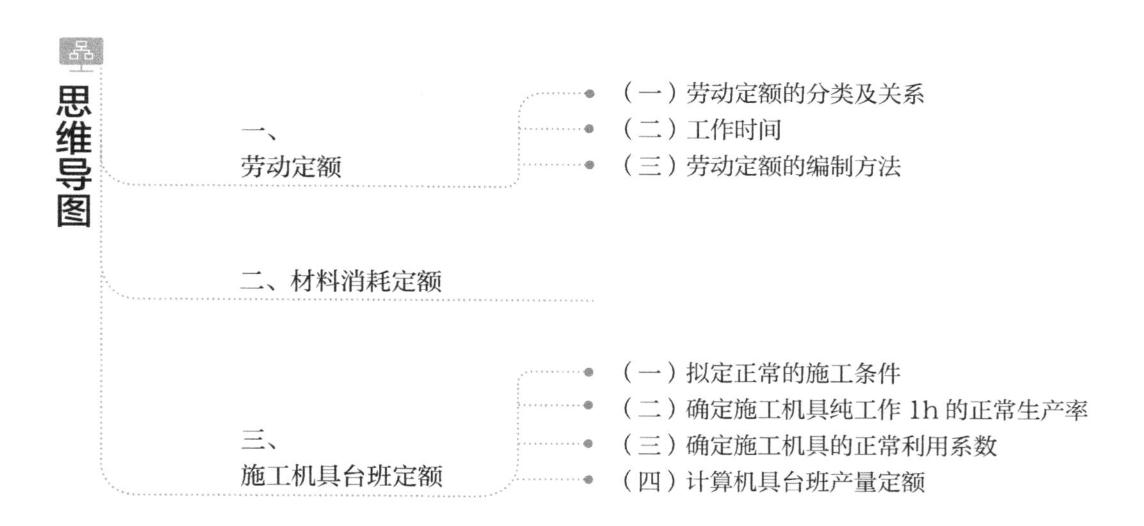

高频考点

一、劳动定额

（一）劳动定额的分类及关系

1．劳动定额的分类

分为**时间定额**和**产量定额**。

（1）时间定额：**完成单位合格产品**所**必须消耗的工作时间**。

（2）产量定额：在**单位时间内完成合格产品**的数量。

2．**时间定额与产量定额的关系**：互为倒数关系，时间定额=$\frac{1}{\text{产量定额}}$

（二）工作时间

1．工人工作时间

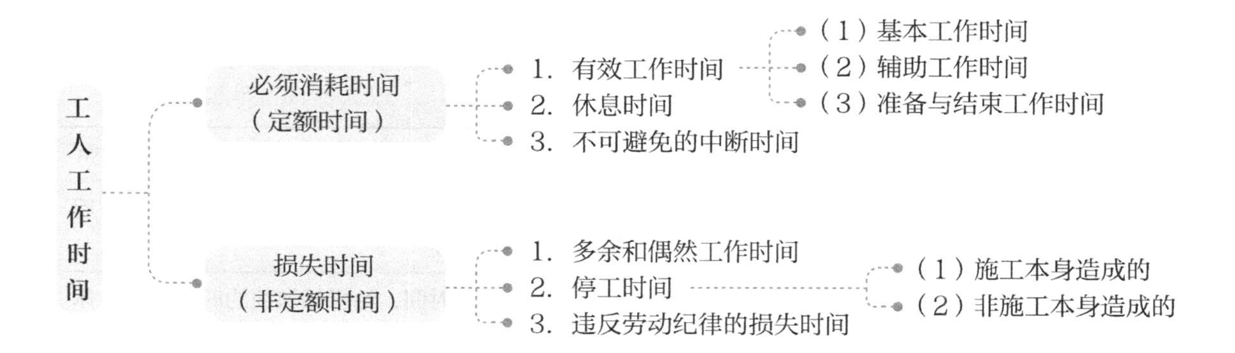

<table>
<tr><td rowspan="5">必需消耗的时间</td><td rowspan="3">1. 有效工作时间：
与产品生产直接有关</td><td>（1）基本工作时间：
如砌砖施工过程的挂线，铺灰浆、砌砖等工作时间。与工作量的大小成正比</td></tr>
<tr><td>（2）辅助工作时间：
为了保证基本工作顺利完成辅助性工作时间。
如修磨校验工具、移动工作梯、工人转移工作地点等时间</td></tr>
<tr><td>（3）准备与结束工作时间：
执行任务前的准备工作（包括工作地点、劳动工具、劳动对象的准备）和完成任务后的整理工作时间</td></tr>
<tr><td colspan="2">2. 休息时间：为恢复体力所必须的休息时间</td></tr>
<tr><td colspan="2">3. 不可避免中断时间：是由于施工工艺特点引起的工作中断所必需的时间</td></tr>
<tr><td rowspan="3">损失时间</td><td colspan="2">多余和偶然工作时间：指在正常施工条件下不应发生的时间消耗，如拆除超过图示高度的多余墙体的时间</td></tr>
<tr><td>停工时间：工作班内停止工作造成的时间损失</td><td>如：材料供应不及时，由于气候变化和水、电源中断而引起的停工时间</td></tr>
<tr><td>违反劳动纪律的损失时间</td><td>在工作班内迟到、早退、闲谈、办私事等造成的工时损失</td></tr>
</table>

2．机械工作时间

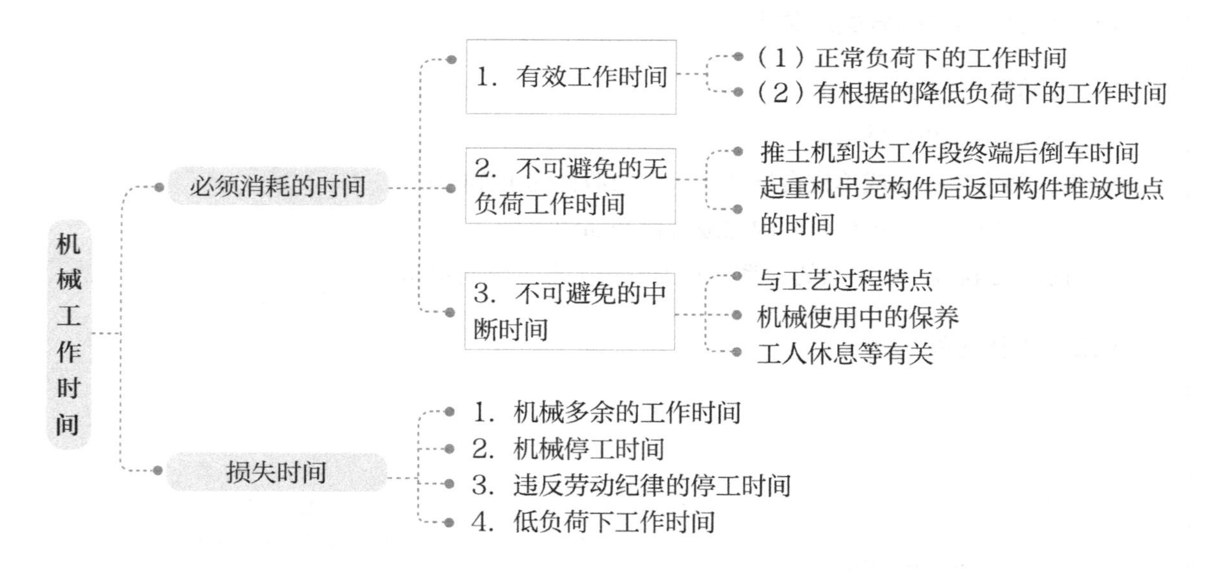

<table>
<tr><td rowspan="3">必需消耗的时间</td><td>1. 有效工作时间</td><td>正常负荷下的工作时间、有根据地降低负荷下的工作时间</td></tr>
<tr><td>2. 不可避免的无负荷工作时间</td><td>如推土机到达工作段终端后倒车时间，起重机吊完构件后返回构件堆放地点的时间等</td></tr>
<tr><td>3. 不可避免中断时间</td><td>如汽车装卸货物的停车时间，给机械加油的时间，工人休息时的停机时间</td></tr>
</table>

续表

损失时间	1. 多余工作时间	如灰浆搅拌机搅拌时多运转的时间，工人没有及时供料而使机械空运转的延续时间
	2. 停工时间	由于施工组织的不好及气候条件影响所引起的停工时间如未及时给机械加水、加油而引起的停工时间
	3. 违反劳动纪律时间	工人迟到、早退等原因引起的机械停工时间
	4. 低负荷下工作时间	工人或技术人员的过错所造成的施工机具在降低负荷的情况下工作的时间

（三）劳动定额的编制方法

编制方法	适用条件	优点	缺点
1. 经验估计法	用于多品种生产或单件、小批量生产的企业，及新产品试制和临时性生产	方法简单，工作量小，便于及时制定和修订定额	准确性较差，质量难保证
2. 统计分析法	用于大量生产或成批生产。一般生产条件比较正常、产品较固定、原始记录和统计工作比较健全的企业		
3. 技术测定法	重视现场调查研究和技术分析，有一定的科学技术依据	定额的准确性较好，水平易达到平衡，可发现生产中的实际问题	费时费力，工作量较大，需要有一定的文化和专业技术水平
4. 比较类推法	结构上相似、工艺上同类、条件上可比、变化规律	准确性和平衡性较好	制定典型零件或典型工序的定额标准时，工作量较大。同时，典型代表件的正确选择，会影响工时定额的可靠性

二、材料消耗定额

包括内容：（1）直接用于工程的材料；（2）不可避免的施工废料；（3）不可避免的操作损耗。

构成实体的→材料消耗净用量定额；不可避免的施工废料和施工操作损耗量→材料损耗量定额。

材料消耗净用量定额与损耗量定额之间具有下列关系：

材料消耗定额（材料总消耗量）=材料消耗净用量+材料损耗量

材料损耗率=材料净用量×100%（即：材料损耗量=材料净用量×损耗率）

材料消耗定额=材料消耗净用量×（1+损耗率）

定额编制方法：（1）现场技术测定法；（2）试验法；（3）统计法；（4）理论计算法。

三、施工机具台班定额

（一）拟定正常的施工条件

（二）确定施工机具纯工作1h的正常生产率

确定机械纯工作1h的正常劳动生产率可以分为三步进行：
第一步，计算一次循环的延续时间；
第二步，计算纯工作1h的循环次数；
第三步，求纯工作1h的正常生产率。

（三）确定施工机具的正常利用系数

$$\text{机械正常利用系数}=\frac{\text{工作班内机械纯工作时间}}{\text{机械工作班延续时间}}$$

（四）计算机具台班产量定额

施工机具台班产量定额=机械纯工作1h正常生产率×工作班延续时间×机械正常利用系数

强化练习

1 编制人工定额时，基本工作结束后整理劳动工具时间应计入（　）。

A．休息时间　　B．不可避免的中断时间
C．有效工作时间　　D．损失时间

【答案】C

【解析】基本工作结束后的整理工作属于准备与结束工作时间，是有效工作时间。

2 在人工定额的损失时间里，工人在工作班内消耗的工作时间属于人工损失时间的是（　）。

A．休息时间　　B．停工时间
C．不可避免的中断时间　　D．准备与结束工作时间

【答案】B

【解析】损失时间是与产品生产无关，而与施工组织和技术上的缺点有关，与工人在施工过程中的个人过失或某些偶然因素有关的时间消耗。包括：（1）多余和偶然工作时间；（2）停工时间；（3）违反劳动纪律的损失时间。

3 编制压路机台班使用定额时，属于必须消耗的时间的是（　）。

A．施工组织不好引起的停工时间

B．压路机在工作区末端调头时间

C．压路机操作人员擅离岗位引起的停工时间

D．暴雨时压路机的停工时间

【答案】B

【解析】施工组织不好引起的停工时间，属于损失时间，故A错误；工作区末端的调头时间，属于不可避免的无负荷工作时间，为必须消耗的时间，故B正确；压路机操作人员擅离岗位引起的停工时间属于损失时间，故C错误；暴雨时压路机的停工时间，属于损失时间，故D错误。

4 **对于结构上相似、工艺上的同类、条件上具有可比性及变化规律性的产品，施工人工定额的制定适宜采用的方法是（　　）。**

A．比较类推法　　B．技术测定法　　C．统计分析法　　D．经验估计法

【答案】A

【解析】比较类推法也叫典型定额法。比较类推法是在相同类型的项目中选择有代表性的典型项目，然后根据测定的定额用较类推的方法编制其他相关定额的一种方法。

比较类推法应具备的条件是：结构上的相似性、工艺上的同类性、条件上的可比性、变化的规律性。

5 **若完成某分项工程需要某种材料的净耗量为0.95t，损耗率为5%，那么，必需消耗量为（　　）t。**

A．0.8　　B．0.95　　C．1.05　　D．0.9975

【答案】D

【解析】根据公式：材料消耗定额（材料总消耗量）=材料消耗净用量+材料损耗量，材料消耗定额（材料总消耗量）=0.95×5%+0.95=0.9975t

6 **编制材料消耗定额的基本方法中，（　　）可获得材料消耗的各项数据，用以编制材料消耗定额。**

A．理论计算法　　B．统计法　　C．试验法　　D．现场技术测定法

【答案】B

【解析】统计法中通过对现场用料的大量统计资料进行分析计算的一种方法。用该方法可获得材料消耗的各项数据，用以编制材料消耗定额。

7 **砌筑一砖厚砖墙，灰缝厚度为10mm，砖的施工损耗率为1.5%，场外运输损耗率为1%。砖的规格为240mm×115mm×53mm，每立方米砖墙工程中砖的定额消耗量为（　　）块。**

A．515.56　　B．520.64　　C．537.04　　D．542.33

【答案】C

【解析】每立方米砖墙工程中砖的定额消耗量的计算过程如下：每立方米砌体标准砖

净用量（块）=2×墙厚的砖数/墙厚×（砖长+灰缝）×（砖厚+灰缝）=2×1/0.24×（0.24+0.01）×（0.053+0.01）=529.10块。每立方米砖墙工程中砖的定额消耗量：529.10×（1+1.5%）=537.04块。

8 下列施工机械消耗时间中，属于机械必须消耗时间的是（　）。

A．未及时供料引起的机械停工时间　B．由于气候条件引起的机械停工时间

C．装料不足时的机械运转时间　D．因机械保养而中断使用的时间

【答案】D

【解析】本题考查的是劳动定额。选项D属于不可避免的中断时间：工艺过程的特点、机器的使用和保养、工人休息的中断时间。

9 编制人工定额时，属于工人工作必须消耗的时间有（　）。

A．基本工作时间　B．辅助工作时间

C．违反劳动纪律损失时间　D．准备与结束工作时间

E．不可避免的中断时间

【答案】ABDE

【解析】工人工作必须消耗的时间：有效工作时间（基本工作时间、准备与结束工作时间、辅助工作时间）、休息时间和不可避免的中断时间。

10 编制材料消耗定额的基本方法包括（　）。

A．试验法　B．理论计算法　C．造价额度法　D．现场技术测定法

E．统计法

【答案】ABDE

【解析】编制材料消耗定额的基本方法包括：（1）现场技术测定法；（2）试验法；（3）统计法；（4）理论计算法。

第五节　人工、材料、机具台班单价及定额基价

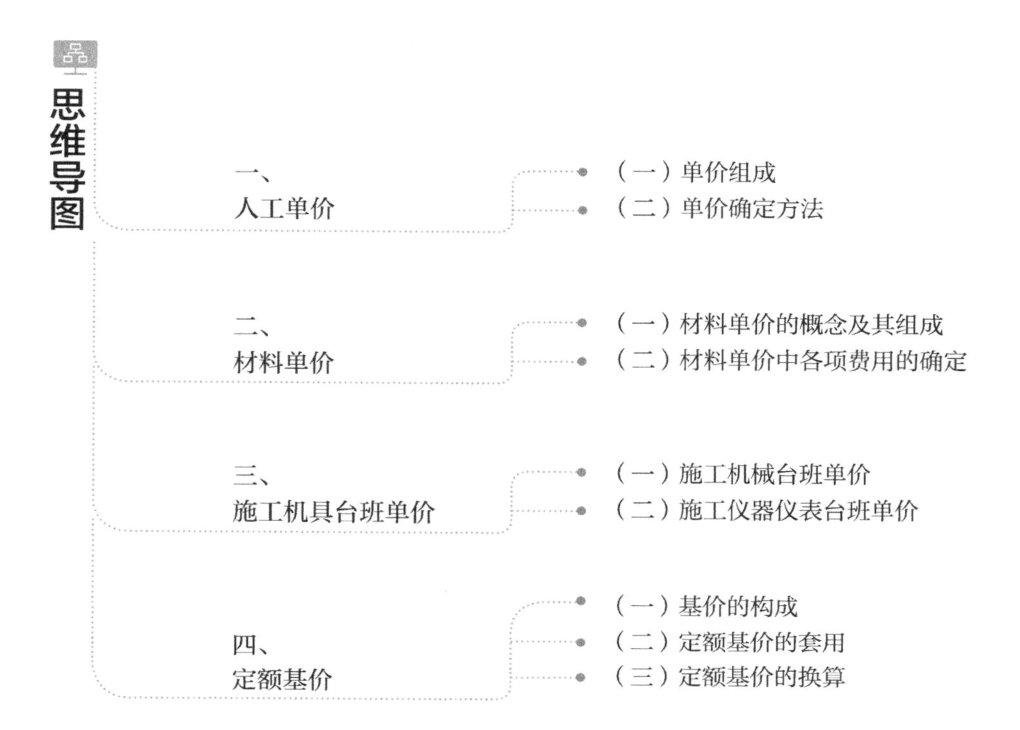

高频考点

一、人工单价

（一）单价组成

由**计时或计件工资、奖金、津贴补贴以及特殊情况下**支付的工资组成。

（二）单价确定方法

（1）年平均每月法定工作日；（2）日工资单价的计算；（3）日工资单价的管理。

二、材料单价

（一）材料单价的概念及其组成（略）

（二）材料单价中各项费用的确定

1. 材料原价	指材料、设备的出场价格或商家供应价格
2. 运杂费	**指自来源地至工地仓库货物指定堆放地点**所发生的全部费用

3. 运输损耗费	指材料在运输和装卸过程中不可避免的损耗
	材料运输损耗 =（材料原价 + 材料运杂费）× 运输损耗率
4. 采购及保管费	**材料采购及保管费 =（材料原价 + 运杂费 + 运输损耗费）× 采购及保管费率**

三、施工机具台班单价

（一）施工机械台班单价

1. 概念

当采用**一般计税**方法时，需**扣除增值税进项税额**。

2. 单价的组成

（1）折旧费

$$\text{台班折旧费}=\frac{\text{机械预算价格}\times(1-\text{残值率})}{\text{耐用总台班}}$$

（2）检修费

$$\text{台班检修费}=\frac{\text{一次检修费}\times\text{检修次数}}{\text{耐用总台班}}\times\text{除税系数}$$

（3）维护费

$$\text{台班维护费}=\frac{\sum(\text{各级维护一次费用}\times\text{除税系数}\times\text{各级维护次数})+\text{临时故障排除费}}{\text{耐用总台班}}$$

当各项数值难以确定时计算公式：

台班维护费=台班检修费×K（**K为维护费系数**，指维护费占检修费的百分数）

（4）安拆费及场外运输费

1）安拆简单、**移动需要起重及运输机械的轻型施工机械，其安拆费及场外运费计入台班单价，安拆费及场外运费**公式：

$$\text{台班安拆费及场外运费}=\frac{\text{一次安拆费及场外运费}\times\text{年平均安拆次数}}{\text{年工作台班}}$$

2）**单独计算**

①安拆复杂、移动**需要起重及运输机械**的重型施工机械的安拆费及场外运费；

②**利用辅助设施移动的**施工机械，其辅助设施（包括轨道和枕木）等的折旧、搭设和拆除等费用

3）**不需计算**

①**不需安拆的施工机械**，不计算一次安拆费；

②**不需机械辅助运输**的自行移动机械，不计算场外运费；

③**固定在车间的**施工机械，不计算安拆费及场外运费。

4）**自升式塔式起重机**、施工电梯安拆费的**超高起点及其增加费**，各地区、部门可根据具体情况确定。

$$\text{台班安拆费及场外运费}=\frac{\text{一次安拆费及场外运费}\times\text{年平均安拆次数}}{\text{年工作台班}}$$

（5）**人工费**

$$\text{台班人工费}=\text{人工消耗量}\times\left(1+\frac{\text{年制度工作日}-\text{年工作台班}}{\text{年工作台班}}\right)\times\text{人工单价}$$

1）人工消耗量指**机上司机（司炉）和其他操作人员**工日消耗量。

2）**年制度工作日按国家有关规定计**。

3）**人工单价**按**工程造价管理机构**发布的信息价格。

（6）**燃料动力费**

施工机械在运转作业中所耗用的燃料及水、电等费用。计算公式如下：

$$\text{台班燃料动力费}=\sum(\text{台班燃料动力消耗量}\times\text{燃料动力单价})$$

（7）**其他费用**

按规定应缴纳的**车船税、保险费及检测费**等。计算公式如下：

$$\text{台班其他费}=\frac{\text{年车船税}+\text{年保险费}+\text{年检测费}}{\text{年工作台班}}$$

1）年车船税、年检测费**执行编制期国家及地方政府有关部门**的规定。

2）年保险费执行编制期有关**强制性保险**规定，**非强制性保险不应计算在内**。

（二）施工仪器仪表台班单价

由**折旧费**、**维护费**、**校验费**、**动力费**四项费用组成。**不包括检测软件**的相关费用。

1. 折旧费	指施工仪器仪表在**耐用总台班内，陆续收回其原值**的费用。计算公式如下： $\text{台班折旧费}=\frac{\text{施工仪器仪表原值}\times(1-\text{残值率})}{\text{耐用总台班}}$
2. 维护费	指施工仪器仪表**各级维护、临时故障排除**及为**保证仪器仪表正常使用所需备件**（备品）的维护费用。计算公式如下： $\text{台班维护费}=\frac{\text{年维护费}}{\text{年工作台班}}$

3. 校验费	指按国家与地方政府规定的标定与检验的费用。计算公式如下： $$台班校验费=\frac{年校验费}{年工作台班}$$ 指仪器仪表在一个年度内发生的校验费用。
4. 动力费	指施工仪器仪表在施工过程中所耗用的电费。计算公式如下： **台班动力费=台班耗电量×电价**

四、定额基价

（一）基价的构成

定额基价是由**人、材、机单价**的构成，计算公式为：**定额项目基价=人工费+材料费+施工机具费**

人工费=定额项目工日数×人工单价

材料费=Σ（定额项目材料用量×材料单价）

施工机具费=Σ（定额项目台班量×台班单价）

（二）定额基价的套用

套用时应注意以下几点：

（1）根据**施工图纸、设计说明和做法说明**选择定额项目；

（2）要**从工程内容、技术特征和施工方法上仔细核对**，准确确定定额项目；

（3）**分项工程项目名称和计量单位要与预算定额相一致**。

（三）定额基价的换算

不能直接套用预算定额时，进行定额的换算。

1. 换算类型	（1）**当设计要求与定额项目的配合比、材料不同时**的换算 （2）**乘以系数**的换算； （3）**其他**换算
2. 换算的基本思路	**换算后的定额基价=原定额基价+换入的费用−换出的费用**
3. 使用范围	适用于**砂浆强度等级、混凝土强度等级、抹灰砂浆及其他配合比材料**与定额不同时的换算。

强化练习

1 不用计入人工日工资单价的费用是（　）。

A．劳动保险费　　B．津贴补贴

C．劳动竞赛奖　　D．特殊情况下支付的工资

【答案】A

【解析】人工单价由计时工资或计件工资、奖金、津贴补贴以及特殊情况下支付的工资组成。

2 某材料原价为300元/t，运杂费及运输损耗费合计为50元/t，采购及保管费费率为3%，则该材料预算单价为（　）元/t。

A．350.0　　B．359.0　　C．360.5　　D．360.8

【答案】C

【解析】（300+50）×（1+3%）=360.5元/t

3 在计算施工机械的台班单价时，不需要考虑（　）。

A．台班折旧费　　B．车船税　　C．原材料费　　D．台班人工费

【答案】C

【解析】施工机械台班单价包括：折旧费、修理费、维护费、安拆费及场外运输费、燃料动力费、人工费、其他费用（车船税、保险费及检测费等）。

4 某装修公司采购一批花岗石，运至施工现场，已知该花岗石出厂价为1000元/m^2，运杂费30元/m^2，当地造价管理部门规定材料采购及保管费率为1%，该花岗石的预算价格为（　）元/m^2。

A．1034　　B．1040.3　　C．1044.34　　D．1054.68

【答案】B

【解析】材料预算价格=[（材料原价+运杂费）×（1+运输损耗费）]×（1+采购及保管费率）=（1000+30）元/m^2×（1+1%）=1040.3元/m^2。

5 关于施工机械安拆费和场外运费的说法，正确的是（　）。

A．安拆费指安拆一次所需的人工、材料和机械使用费之和

B．安拆费中包括机械辅助设施的折旧费

C．能自行开动机械的安拆费不予计算

D．塔式起重机安拆费的超高增加费应计入机械台班单价

【答案】B

【解析】本题考查的是施工机具台班单价。安拆费是指施工机械（大型机械除外）在现场进行安装与拆卸所需的人工、材料、机械和试运转费用以及机械辅助设施的折旧、搭设、拆除等费用，所以A错误。不需安装又能自行开动的不计算，所以C错误。D选项塔式起重机安拆费的超高增加费由各地区自行确定。

6 下列费用项目中，构成施工仪器仪表台班单价的有（　）。

A．折旧费　　B．检修费　　C．维护费

D．人工费　　E．校验费

【答案】ACE

【解析】B、D属于施工机械台班单价。

7 根据现行建筑安装工程费用项目组成规定，下列费用项目中已包括在人工日工资单价内的有（　）。

A．节约奖　　B．流动施工津贴　　C．高温作业临时津贴

D．劳动保护费　　E．探亲假期间工资

【答案】ABCE

【解析】人工日工资单价由计时工资或计件工资、奖金、津贴补贴以及特殊情况下支付的工资组成，A属于奖金，B、C属于津贴补贴，E属于特殊情况下支付的工资。

8 下列材料单价的构成费用，包含在采购及保管费中进行计算的有（　）。

A．运杂费　　B．仓储费　　C．工地管理费

D．运输损耗　　E．仓储损耗

【答案】BCE

【解析】材料采购及保管费是指为组织采购、供应和保管材料、工程设备的过程中所需要的各项费用。包括采购费、仓储费、工地保管费、仓储损耗。

9 施工仪器仪表台班单价的组成包括（　）。

A．折旧费　　B．安拆费及场外运费

C．检测费　　D．校验费　　E．维护费

【答案】ADE

【解析】本题考查的是施工机具台班单价。施工仪器仪表台班单价包括折旧费、维护费、校验费、动力费。不包括检测软件的相关费用。

10 下列费用项目中，应计入人工日工资单价的有（　）。

A．计件工资　　B．劳动竞赛奖金　　C．劳动保护费

D．流动施工津贴　　E．职工福利费

【答案】ABD

【解析】本题考查的是人工单价。劳动保护费、职工福利费属于企业管理费。

第六节　建筑安装工程费用定额

思维导图

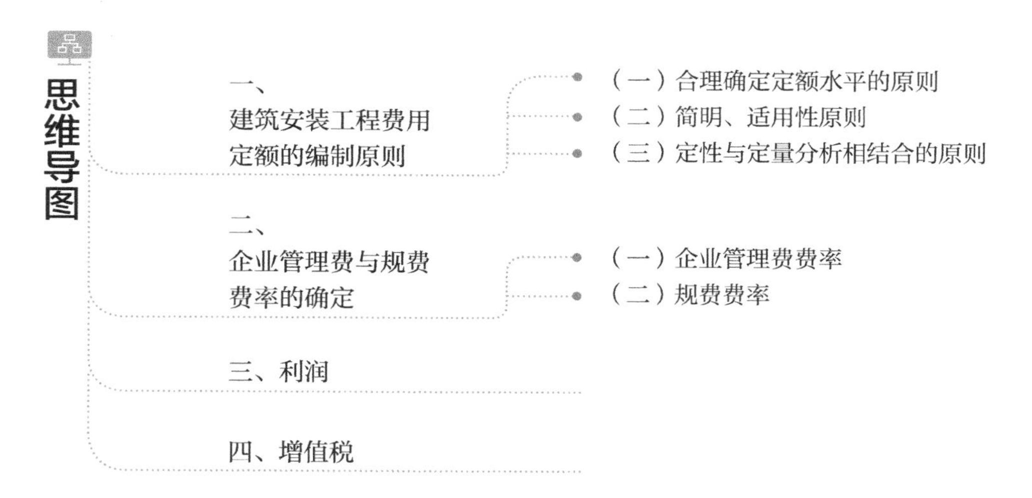

高频考点

一、建筑安装工程费用定额的编制原则

（一）合理确定定额水平的原则	（二）简明、适用性原则	（三）定性与定量分析相结合的原则

二、企业管理费与规费费率的确定

（一）企业管理费费率

由承包人投标报价时自主确定，公式：

1. 以人、材、机费为计算基础	$管理费费率（\%）=\frac{生产工人年平均管理费}{年有效施工天数\times人工单价}\times人工费占直接费比例（\%）$
2. 以人工费和机械费合计为计算基础	$管理费费率（\%）=\frac{生产工人年平均管理费}{年有效施工天数\times（人工单价+每一日机械使用费）}\times100\%$
3. 以人工费为计算基础	$管理费费率（\%）=\frac{生产工人年平均管理费}{年有效施工天数\times人工单价}\times100\%$

（二）规费费率

计算公式：
- （1）以人、材、机费之和为计算基础。
- （2）以人工费和机械费之和为计算基础。
- （3）以人工费为计算基础。

三、利润

公式：**利润=取费计算×相应利润率**

取费基数：（1）**人工费**；（2）**直接费**；（3）**直接费+间接费**，三种任一均可。

四、增值税

1．一般计税方法时的计算

建筑业增值税税率为10%。计算公式为：**增值税=税前造价×增值税税率**

税前造价为（人+材+机+管+利+规）之和，各费用项目均以**不包含增值税可抵扣进项税额**的价格计算。

2．简易计税方法时的计算

<table>
<tr><td rowspan="5">（1）简易计税法的适用范围</td><td>1）小规模纳税人</td><td>①小规模纳税人（销售额未超过500万元，并且会计核算不健全）。
②年应税销售额超过500万元但不经常发生应税行为的单位</td></tr>
<tr><td>2）以清包工方式提供服务</td><td>指施工方不采购材料或只采购辅助材料，并收取人工费、管理费或者其他费用的建筑服务</td></tr>
<tr><td>3）为甲供工程提供服务</td><td>①甲供工程，是指发包方自行采购全部或部分设备、材料、动力等的建筑工程。
②其中总承包单位为房屋建筑的地基与基础、主体结构提供服务，建设单位自行采购全部或部分钢材、混凝土、砌体材料、预制构件的，适用简易计税方法计税</td></tr>
<tr><td rowspan="2">4）为建筑工程老项目提供服务</td><td>建筑工程老项目：施工许可证上开工日期在2016年4月30日前的项目</td></tr>
<tr><td>承包合同中开工日期在2016年4月30日前的建筑工程项目</td></tr>
<tr><td>（2）简易计税法的计算方法</td><td colspan="2">税率为3%</td></tr>
</table>

强化练习

1 关于建筑安装工程费用中建筑业增值税的计算，下列说法中正确的是（　　）。

A．当事人可以自主选择一般计税法或简易计税法计税

B．一般计税法、简易计税法中的建筑业增值税税率均为11%

C．采用简易计税法时，税前造价不包含增值税的进项税额

D．采用一般计税法时，税前造价不包含增值税的进项税额

【答案】D

【解析】采用一般计税法时，税前造价不包含增值税的进项税额。

2 在计算建筑安装工程费中的企业管理费时，可分别以（　　）为计算基数。

A. 人工费+材料费　B. 人工费+材料费+机械费　C. 人工费+机械费

D. 人工费　E. 材料费+施工机械使用费

【答案】BCD

【解析】在计算建筑安装工程费中的企业管理费时，可分别以人工费+材料费+机械费；人工费+机械费；人工费为计算基数。

3 建筑安装工程费用定额的编制原则，包括（　　）。

A. 合理确定定额水平的原则　B. 简明、适用性原则

C. 定性与定量分析相结合的原则　D. 标准化原则

E. 公平原则

【答案】ABC

【解析】建筑安装工程费用定额的编制原则：（1）合理确定定额水平的原则；（2）简明、适用性原则；（3）定性与定量分析相结合的原则。

4 利润的取费基数可以是（　　）。

A. 人工费　B. 人工费+材料费　C. 人工费+机械费

D. 直接费　E. 直接费+间接费

【答案】ADE

【解析】利润的计算公式：利润=取费基数×相应利润率；取费基数是人工费，也可以是直接费，或者是直接费+间接费。

第七节 工程造价信息及应用

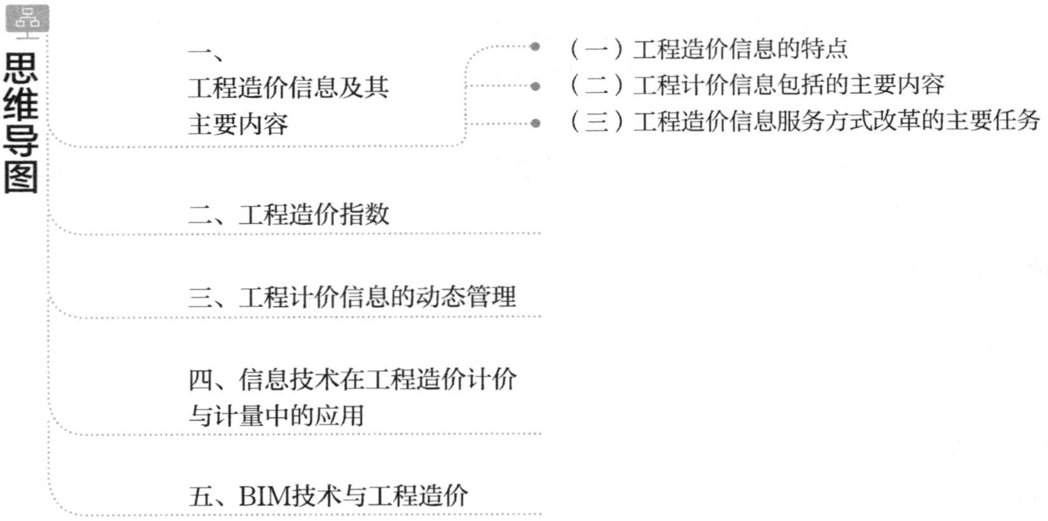

思维导图

- 一、工程造价信息及其主要内容
  - （一）工程造价信息的特点
  - （二）工程计价信息包括的主要内容
  - （三）工程造价信息服务方式改革的主要任务
- 二、工程造价指数
- 三、工程计价信息的动态管理
- 四、信息技术在工程造价计价与计量中的应用
- 五、BIM技术与工程造价

高频考点

一、工程造价信息及其主要内容

（一）工程造价信息的特点

1. 区域性	**就近使用**，信息的交换和流通**限制在一定地域内**
2. 多样性	**需满足不同项目的需求**
3. 专业性	信息具有**专业特殊性**，水利、公路工程
4. 系统性	信息是大量的、系统的
5. 动态性	信息**不断更新**，真实反映工程造价的动态变化
6. 季节性	造价信息应考虑**季节因素影响**

（二）工程造价信息包括的主要内容

工程造价信息：**价格信息、工程造价指数、已完工程信息**，最能体现信息动态性变化特征且在工程价格市场机制中起着重要作用

1. 价格信息	最新市场价格，一般是**没有经过系统加工处理的初级数据**。 （1）**人工价格信息**：建筑工程实物工程量人工价格信息和建筑工种人工成本信息 （2）**材料价格信息**：应披露材料类别、规格、单价、供货地区和单位及发布日期 （3）施工**机具**价格信息：又分为**设备市场价格信息**和**设备租赁市场价格信息**两部分，后者更重要
2. 工程造价指数	反映一定时期内价格变化对工程造价影响程度的指数，包括**各种单项价格指数、设备工器具价格指数、建安工程造价指数、建设项目或单项工程造价指数**
3. 已完工程信息	**根据已完或在建**工程的各种造价信息，可以为已完、拟建或在建工程造价提供依据。这种信息也可称为是工程造价指标

（三）工程造价信息服务方式改革的主要任务

1. 明晰服务边界和服务清单，鼓励社会力量开展信息服务，探索政府购买服务，构建多元化服务方式。

2. 建立工程造价信息化标准体系。

二、工程造价指数

1. 概念及其编制意义

工程造价指数反映了**报告期与基期相比的价格变动趋势**，它的意义：

（1）**可分析价格变动趋势及原因**	（2）**可预计宏观经济变化**对造价影响	（3）是工程发承包进行**工程估价和结算的依据**

2. 工程造价指数的内容

（1）各种单项价格指数。

（2）设备、工器具价格指数。

（3）建筑安装工程造价指数。

（4）建设项目或单项工程造价指数。

三、工程计价信息的动态管理

1. 基本原则

（1）标准化原则	（2）有效性原则	（3）定量化原则
（4）时效性原则	（5）高效处理原则	

2. 工程造价信息化建设

（1）制定工程造价信息化管理发展规划	（2）加快有关工程造价软件和网络的发展
（3）发展工程造价信息化，推进造价信息的标准化工作	（4）加快培养工程造价管理信息化人才

四、信息技术在工程造价计价与计量中的应用

工程计量软件分为两类：**二维算量软件和三维算量软件**。

五、BIM技术与工程造价

它可以帮助实现建筑信息模型的集成，从建筑的**设计、施工、运行直至建筑全生命周期的终结**，项目各参建方基于BIM进行协同工作，提高工作效率、节省资源、降低成本。

1．BIM技术的特点

（1）可视化	（2）协调性	（3）模拟性	（4）互用性	（5）优化性

2．BIM技术对工程造价管理的价值

（1）提高了计量的准确性和效率。

（2）提高了设计效率和质量。

（3）提高工程造价分析能力。

（4）BIM技术真正实现了造价全过程管理。

3．BIM技术在工程造价管理各阶段的应用

（1）在决策阶段的应用	**提高项目预测水平，帮助建设单位进行决策**。在**投资造价估算**和**投资方案选择**方面大有作为
（2）在设计阶段的应用	通过BIM技术对**设计方案优选或限额设计**，**设计模型**的检查、**设计概算**、**施工图预算的编制管理和审核**环节的应用，实现**对造价**的有效控制
（3）在招投标阶段的应用	有利于**招标方控制造价和投标方报价的编制**，提高招标投标工作的**效率和准确性**，并为后续的工程**造价管理和控制**提高基础数据
（4）在施工过程中的应用	可以直观地**按月**、**按周**、**按日观看到项目的具体实施情况**，并得到该时间节点的造价数据，最大地体现造价控制的效果
（5）在竣工结算中的应用	有助于提高结算效率，同时可随时查看**变更前后**的模型**进行对比分析**，避免结算时描述不清，从而**加快结算和审核速度**

强化练习

1　最能体现信息动态性变化特征，并且在工程价格的市场机制中起重要作用的工程造价信息主要包括（　　）。

A．工程造价指数、在建工程信息和已完工程信息

B．价格信息、工程造价指数和已完工程信息

C．人工价格信息、材料价格信息、机械价格信息及在建工程信息

D．价格信息、工程造价指数及刚开工的工程信息

【答案】B

【解析】本题考查的是工程造价信息及应用最能体现信息动态性变化特征，并且在工程价格市场机制中起着重要作用的工程造价信息：价格信息、工程造价指数和已完工程信息三类。

2 **分别反映各类工程的人工、材料、施工机械及主要设备报告期价格对基期价格的变化程度指标的是（　）。**

A．月指数　B．综合造价指数　C．单项价格指数　D．时点造价指数

【答案】C

【解析】单项价格指数反映各类工程的人工费、材料费、施工机具使用费报告期价格对基期价格的变化程度的指标。可利用它研究主要单项价格变化的情况及其发展变化的趋势。

3 **某类建筑材料本身的价值不高，但所需的运输费用却很高，该类建筑材料的价格信息一般具有较明显的（　）。**

A．专业性　B．季节性　C．区域性　D．动态性

【答案】C

【解析】本题考查的是工程造价信息及应用。区域性：建筑材料重量大、体积大、产地远离消费地点，运输量大费用高。建筑材料客观上尽可能就近使用，其信息的交换和流通往往限制在一定地域内。

4 **BIM技术在施工过程中的应用包括（　）。**

A．高效准确地估算出规划项目的总投资额

B．通过BIM技术对设计方案优选或限额设计

C．进行工程量自动计算、统计分析，形成准确的工程量清单

D．通过建筑信息模型确定不同时间节点的施工进度与施工成本

【答案】D

【解析】本题考查的是BIM技术与工程造价。在施工之前就可以通过建筑信息模型确定不同时间节点的施工进度与施工成本，可以直观地按月、按周、按日观看到项目的具体实施情况并得到该时间节点的造价数据，方便项目的实时修改调整，实现限额领料施工，最大地体现造价控制的效果。

5 **工程造价指数反映了报告期与基期相比的价格变动趋势，利用它可以（　）。**

A．分析价格波动对工程结算的影响

B．分析价格变动趋势及其原因

C．估计工程造价变化对宏观经济的影响

D．是工程承发包双方进行工程估价的重要依据

E．是工程承发包双方进行工程结算的重要依据

【答案】BDE

【解析】工程造价指数反映了报告期与基期相比的价格变动趋势，利用它来研究实际工作中的下列问题很有意义：

（1）可以利用工程造价指数分析价格变动趋势及其原因。

（2）可以利用工程造价指数预计宏观经济变化对工程造价的影响。

（3）工程造价指数是工程发承包双方进行工程估价和结算的重要依据。

第五章

工程决策和设计阶段造价管理

思维导图

第一节 概述
- 一、工程决策和设计阶段造价管理的工作内容
- 二、工程决策和设计阶段造价管理的意义
- 三、工程决策和设计阶段影响造价的主要因素
- 四、建设项目可行性研究及其对工程造价的影响
- 五、设计方案的评价、比选及其对工程造价的影响

第二节 投资估算的编制
- 一、投资估算的概念及作用
- 二、投资估算编制内容及步骤
- 三、投资估算的编制方法
- 四、投资估算的文件组成
- 五、投资估算的审核

第三节 设计概算的编制
- 一、设计概算的概念与作用
- 二、设计概算编制内容及依据
- 三、设计概算的编制方法
- 四、设计概算文件的组成
- 五、设计概算的审查
- 六、设计概算的调整

第四节 施工图预算的编制
- 一、施工图预算的概念与作用
- 二、施工图预算编制内容及依据
- 三、施工图预算的编制方法
- 四、施工图预算文件的组成
- 五、施工图预算的审查

第一节 概述

思维导图

- 一、工程决策和设计阶段造价管理的工作内容
  - （一）工程决策阶段造价管理工作内容
  - （二）工程设计阶段造价管理工作内容
- 二、工程决策和设计阶段造价管理的意义
- 三、工程决策和设计阶段影响造价的主要因素
  - （一）工程决策阶段影响造价的主要因素
  - （二）工程设计阶段影响造价的主要因素
- 四、建设项目可行性研究及其对工程造价的影响
  - （一）可行性研究的概念
  - （二）建设项目经济评价
  - （三）可行性研究对工程造价的影响
- 五、设计方案的评价、比选及其对工程造价的影响
  - （一）设计方案评价、比选的原则与内容
  - （二）设计方案评价、比选的方法
  - （三）设计方案评价、比选应注意的问题

高频考点

一、工程决策和设计阶段造价管理的工作内容

（一）决策阶段造价管理工作内容

1. 投资机会研究、项目建议书阶段的投资估算	偏差率应控制在30%左右
2. 初步可行性研究阶段的投资估算	偏差率控制在20%以内

续表

3．详细可行性研究阶段的投资估算	偏差率应控制在10%以内； 这阶段的投资估算是**项目可行性论证、选择最佳投资方案**、编制设计文件的依据

（二）设计阶段造价管理工作内容

有“**两阶段设计**”“**三阶段设计**”“**四阶段设计**”的划分方法。

两阶段设计	工业与民用项目→按**初步设计和施工图设计**两阶段进行
三阶段设计	**技术复杂又缺乏设计经验**的项目→按**初步设计、技术设计和施工图设计**三阶段进行
四阶段设计	**大型复杂的，对国计民生影响重大项目→在初步设计之前，还应增加方案设计阶段**

阶段设计的内容

1．方案设计阶段的投资估算	其深度**满足编制初步设计文件的需要**，偏差率应**低于可行性研究阶段投资估算额度**的偏差率
2．初步设计阶段的设计概算	设计概算的任务是对项目建设的**土建、安装工程量进行估算**，对工程项目建设费用进行概算。 **以整个建设项目为单位**的概算文件→称**建设项目总概算**；**以单项工程为单位**的概算文件→**为单项工程综合概算**；**批准的设计概算**→为控制工程造价的**最高限额**
3．技术设计阶段的修正概算	技术设计时如对初步设计确定的方案有所更改，应**对更改部分编制修正概算**。对于**不很复杂**的工程，技术设计**可以省略**，即**初步设计完成后直接进入施工图设计阶段**
4．施工图设计阶段的施工图预算	**施工图预算（也称为设计预算）。通常以单位工程或单项工程为单位汇总施工图预算**

二、工程决策和设计阶段造价管理的意义

一般工业建设项目的经验数据为20%～30%；对项目使用功能的影响10%～20%。这表明项目设计阶段对项目**投资和使用功能**具有重要的影响。

工程决策和设计阶段造价管理的意义体现在以下几方面：

1．提高资金利用和投资控制效率。

2．使工程造价管理工作更主动。

3．促进技术与经济相结合。

4. 造价控制效果在**工程决策和设计阶段**更显著。

决策与设计阶段是整个工程造价确定与控制的**龙头与关键**。

三、工程决策和设计阶段影响造价的主要因素

（一）工程决策阶段影响造价的主要因素

<table>
<tr><td rowspan="4">1. 项目建设规模</td><td rowspan="3">决定着工程造价合理与否的制约因素：</td><td>（1）市场因素</td></tr>
<tr><td>（2）技术因素</td></tr>
<tr><td>（3）环境因素</td></tr>
<tr><td colspan="2">（4）建设规模方案比选</td></tr>
<tr><td>2. 建设地址选择</td><td colspan="2">（1）建设地区的选择；（2）建设地点（厂址）的选择</td></tr>
<tr><td>3. 技术方案</td><td colspan="2">技术方案的选择直接影响项目的建设和运营效果，必须认真选择和确定</td></tr>
<tr><td>4. 设备方案</td><td colspan="2">设备的选择与技术密切相关，二者必须匹配</td></tr>
<tr><td>5. 工程方案</td><td colspan="2">在满足使用功能、确保质量和安全的前提下，力求降低造价、节约资金</td></tr>
<tr><td>6. 环境保护措施</td><td colspan="2">从环境效益、经济效益相统一的角度进行分析论证，力求环境保护治理方案技术可行和经济合理</td></tr>
</table>

（二）工程设计阶段影响造价的主要因素

<table>
<tr><td rowspan="3">1. 工业项目</td><td>（1）总平面设计</td><td>尽可能选择无轨运输，可减少占地，节约投资</td></tr>
<tr><td>（2）工艺设计</td><td>设备的选型影响着工程造价，也对生产方法及产品质量有着决定作用</td></tr>
<tr><td>（3）建筑设计</td><td>采用各种先进的结构形式和轻质高强建筑材料，能减轻建筑物自重，简化基础和结构工程，减少建筑材料和构配件的费用及运费，并能提高劳动生产率和缩短建设工期，经济效果十分明显</td></tr>
<tr><td rowspan="2">2. 民用项目</td><td>（1）居住小区规划</td><td>适当集中公共设施，合理布置道路，充分利用小区内的边角地，有利于提高建筑密度，降低总造价</td></tr>
<tr><td>（2）住宅建筑设计</td><td>因地制宜、就地取材，采用适合本地区经济合理的结构形式</td></tr>
</table>

四、建设项目可行性研究及其对工程造价的影响

（一）可行性研究的概念

可行性研究是提高工程决策水平的关键。

（二）建设项目经济评价

包括**财务评价**（也称财务分析）和**经济效果评价**（也称经济分析）。

1. **财务评价**	前提：**国家现行财税制度和价格体系** 角度：**项目的角度** 计算：项目范围内的财务效益和费用 分析：**项目的盈利能力和清偿能力** 评价：**项目在财务上的可行性**
2. **经济效果评价**	前提：合理配置社会资源 角度：**国家经济整体利益** 计算：项目对国民经济的贡献 分析：**项目的经济效益、效果和对社会**的影响 评价：**项目在宏观经济上的合理性**

工程项目经济评价方法的选择

（1）费用效益**计算比较简单，建设期和运营期比较短，不涉及**进出口平衡等	**可不进行经济分析**
（2）关系**公共利益、国家安全和市场**不能有效配置资源的经济和社会发展的项目	进行**财务评价+经济效果**评价
（3）对于**特别重大**的工程项目	**经济效果评价**

（三）可行性研究对工程造价的影响

项目可行性研究与工程造价有着密不可分的联系：

（1）结论的正确性是工程造价合理性的前提。

（2）内容是决定工程造价的基础。

（3）造价高低、投资多少也影响可行性研究结论。

（4）深度影响投资估算的精确度及工程造价的控制效果。

五、设计方案的评价、比选及其对工程造价的影响

（一）设计方案评价、比选的原则与内容

1. 设计方案评价、比选的原则

（1）协调好**技术先进性和经济合理性**的关系。**满足设计功能和采用合理先进技术**的条件

下，**尽可能降低投入**。

（2）考虑**一次性建设投资**及运营中的**运维费用**，即要评价、比选**项目全寿命周期**的总费用。

（3）要**兼顾近期与远期**的要求。

2. 设计方案评价、比选的内容

应以**单位或分部分项工程**为对象，通过**主要技术经济指标的对比，确定合理的设计方案**。

（二）设计方案评价、比选的方法

采用**投资回收期法**、**计算费用法**、**净现值法**、**净年值法**、**内部收益率法**，以及**选择性综合使用**等。

对于具体的单项、单位工程项目多方案的评价、比选→采用**价值工程原理**或**多指标综合评分法**比选。在建设项目设计阶段，**多方案比选多属于局部方案**比选，对于**技术上先进、适用**的设计方案，进行经济评价、比选时，可以采用**造价额度**、**运行费用**、**净现值**、**净年值**等方法，极特殊的、复杂的方案比选采用**综合财务评价**方法。

（三）设计方案评价、比选应注意的问题

1. 工期的比较	在**相似**的施工资源条件下进行工期比较，并应考虑**施工的季节性**。由于工期缩短而工程提前竣工交付使用所带来的经济效益，应纳入**分析评价**范围
2. 采用新技术的分析	应**预测其预期的经济效果**，不能由于当前的经济效益指标较差而限制新技术的采用和发展
3. 对产品功能的分析评价	满足的可比条件： （1）**需要**可比；（2）**费用消耗**可比；（3）**价格**可比；（4）**时间**可比

强化练习

1 关于我国项目前期各阶段投资估算的精度要求，下列说法中正确的是（　　）。

A．项目建议书阶段，允许误差大于±30%

B．投资设想阶段，要求误差控制在±30%以内

C．预可行性研究阶段，要求误差控制在±20%以内

D．可行性研究阶段，要求误差控制在±15%以内

【答案】C

【解析】A选项，项目建议书阶段，要求误差控制在±30%以内。D选项，可行性

研究阶段，要求误差控制在±10%以内。选项C预可行性阶段即为初步可行性研究阶段。

2 确定项目建设规模时，应该考虑的首要因素是（　）。

A. 市场因素　　B. 生产技术因素　　C. 管理技术因素　　D. 环境因素

【答案】A

【解析】市场因素是确定建设规模需考虑的首要因素。

3 预算定额和单位估价表是编制（　）的计价标准。

A. 工程造价计价　B. 建筑安装费用定额

C. 工程建设定额　D. 施工图预算

【答案】D

【解析】施工图预算（也称为设计预算）是在施工图设计完成之后，根据已批准的施工图纸和既定的施工方案，结合现行的预算定额、地区单位估价表、费用计取标准、各种资源单价等计算并汇总的造价文件（通常以单位工程或单项工程为单位汇总施工图预算）。

4 下列关于可行性研究对工程造价确定与控制影响的表述，错误的是（　）。

A. 项目可行性研究的内容是决定工程造价的基础

B. 项目可行性研究结论的正确性是工程造价合理性的前提

C. 可行性研究结论影响工程造价的投资高低

D. 可行性研究的深度影响投资估算的精确度，也影响工程造价的控制效果

【答案】C

【解析】项目可行性研究与工程造价有着密不可分的联系：

（1）项目可行性研究结论的正确性是工程造价合理性的前提。

（2）项目可行性研究的内容是决定工程造价的基础。

（3）工程造价高低、投资多少也影响可行性研究结论。

（4）可行性研究的深度影响投资估算的精确度，也影响工程造价的控制效果。

5 工业项目总平面设计中，影响工程造价的主要因素包括（　）。

A. 占地面积、功能分区、运输方式　　B. 产品方案、运输方式、柱网布置

C. 占地面积、空间组合、建筑材料　　D. 功能分区、空间组合、设备选型

【答案】A

【解析】工业项目总平面设计中影响工程造价的因素有占地面积、功能分区和运输方式的选择。

6 可行性研究报告的市场分析与预测不包括（　）。

A. 项目建设基本条件　　B. 产品供需预测

C. 市场现状调查　　D. 竞争力分析

【答案】A

【解析】市场分析与预测，包括市场预测内容、市场现状调查、产品供需预测、价格预测、竞争力分析、市场风险分析、市场调查与预测方法。

7 **总平面设计中，影响工程造价的主要因素包括（　　）。**

A．现场条件　　B．占地面积　　C．工艺设计

D．功能分区　　E．柱网布置

【答案】BD

【解析】总平面设计中影响工程造价的主要因素包括：（1）占地面积；（2）功能分区；（3）运输方式。

8 **制约工业项目建设规模合理化的环境因素有（　　）。**

A．国家经济社会发展规划　　B．原材料市场价格　　C．项目产品市场份额

D．燃料动力供应条件　　E．产业政策

【答案】ADE

【解析】项目的建设、生产和经营都是在特定的国家和地方政策与社会经济环境条件下进行的。政策因素包括产业政策、投资政策、技术经济政策、国家和地区及行业经济发展规划等。特别是为了取得较好的规模效益，国家对部分行业的新建项目规模有明确的限制性规定，选择项目规模时应予以遵照执行。项目规模确定中需考虑的主要环境因素有：燃料动力供应，协作及土地条件，运输及通信条件等因素。

第二节　投资估算的编制

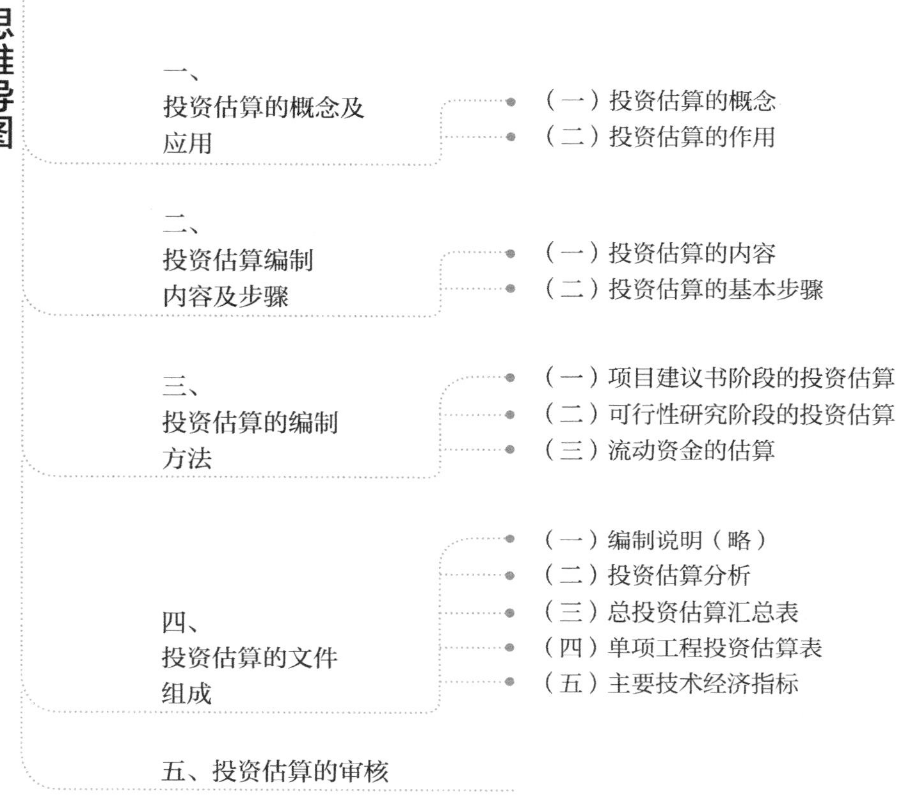

高频考点

一、投资估算的概念及作用

（一）投资估算的概念

投资估算是进行**技术经济分析与评价和投资决策**的基础。

（二）投资估算的作用

（1）投资估算的**项目建议书阶段**是**主管部门审批项目建议书**的依据，也是**编制项目规划、确定建设规模**的参考依据。

（2）投资估算的**可行性研究阶段**是**项目投资决策**的依据，也是研究、分析、计算**项目投资经济效果**的重要条件。

（3）投资估算的**方案设计阶段**是方案**技术经济分析、比选**的依据。

（4）投资估算是项目**资金筹措及制定建设贷款计划**的依据。

（5）投资估算是**核算**项目固定资产投资额和编制固定资产投资计划的重要依据。

（6）投资估算是建设工程设计**招标、优选设计单位和设计方案**的重要依据。

二、投资估算编制内容及步骤

（一）投资估算的内容

	概念	主要包括
建设期利息	应计入**固定资产原值**的利息。利息单独估算	（1）支付金融机构的贷款利息。 （2）为筹集资金而发生的**融资费用**
流动资金	经营性项目投产后，购买**原材料、燃料、支付工资及其他经营费**用等**周转资金**。它是伴随着建设投资而发生的长期占用的流动资产投资	流动资金=**流动资产－流动负债** 流动资产考虑**现金、应收账款、预付账款和存货**。流动负债考虑**应付账款**和**预收账款**。 流动资金实际上就是**财务中的营运资金**

（二）投资估算的基本步骤（考次序排列）

（1）分别估算各单项工程**建筑工程费、设备及工器具购置费、安装工程费**。

（2）汇总，然后估算工程**建设其他费用和基本预备费**。

（3）估算**价差预备费**。

（4）估算**建设期利息**。

（5）估算**流动资金**。

（6）**汇总总投资**。

三、投资估算的编制方法

投资估算的精度低→**匡算法**，如**单位生产能力法、生产能力指数法、系数估算法、比例估算法、指标估算法**等。

在**可行性研究**阶段→相对详细的估算方法，如**指标估算法**等。

（一）项目建议书阶段的投资估算

1. 单位生产能力法	$C_2=\left(\frac{C_1}{Q_1}\right)Q_2 f$
	误差较大，可达±30%。 需要注意（建设区域的差异性、配套工程的差异性、建设时间的差异性）

续表

<table>
<tr><td rowspan="6">2. 生产能力指数法</td><td colspan="2">$C_2=C_1\left(\frac{Q_2}{Q_1}\right)^x f$</td><td>指数取值：正常情况下，$0\leq x\leq 1$。</td></tr>
<tr><td>规模比值</td><td>适用情形</td><td>生产能力指数x</td></tr>
<tr><td>0.5～2</td><td>已建与拟建项目规模相差不大时</td><td>1</td></tr>
<tr><td rowspan="2">不大于50倍</td><td>拟建项目生产规模的扩大仅靠增大设备规模达到时</td><td>0.6～0.7</td></tr>
<tr><td>靠增加相同规格设备的数量达到时</td><td>0.8～0.9</td></tr>
<tr><td colspan="3">主要应用于拟建装置或项目与用来参考的已知装置或项目的规模不同的场合</td></tr>
<tr><td>3. 系数估算法</td><td colspan="3">选择拟建项目的主体工程费或主要设备费为基数，以其他工程费与主体工程费或设备购置费的百分比为系数。$C=E(1+f_1P_1+f_2P_2+f_3P_3+\cdots+f_n\cdot P_n)+I$
C——拟建项目的静态投资。
E——拟建建设项目的静态投资或主要生产工艺设备费。
P_1、P_2、$P_3\cdots P_n$——已建项目中辅助或配套工程费占主体工程费或主要生产工艺设备费的比重。
f_1、f_2、$f_3\cdots f_n$——由于建设时间、地点而产生的定额水平，建筑安装材料价格、费用变更和调整等综合调整系数。
I——拟建项目的其他费用</td></tr>
<tr><td>4. 比例估算法</td><td colspan="3">根据统计资料，先求出已有同类企业主要设备投资占全厂建设投资的比例，然后再估算出拟建项目的主要设备投资，即可按比例求出拟建项目的建设投资</td></tr>
<tr><td>5. 指标估算法</td><td colspan="3">是依据投资估算指标，对各单位或单项工程费用进行估算，进而估算建设项目总投资，再按相关规定估算工程建设其他费用、基本预备费、建设期利息等，形成拟建项目静态投资</td></tr>
</table>

（二）可行性研究阶段的投资估算

<table>
<tr><td rowspan="3">1. 建筑工程费用估算</td><td>（1）单位建筑工程投资估算法</td><td>单位建筑工程量的投资×建筑工程总量</td></tr>
<tr><td>（2）单位实物工程量投资估算法</td><td>单位实物工程量的投资×实物工程总量</td></tr>
<tr><td>（3）概算指标投资估算法等</td><td>①适用于无上述估算指标且建筑工程费占总投资比例较大的项目。
②缺点：投入的时间和工作量较大</td></tr>
<tr><td>2. 设备购置费估算</td><td colspan="2">具体估算方法请参见教材第三章第二节相关内容</td></tr>
</table>

续表

<table>
<tr><td rowspan="4">3. 工程建设其他费用估算</td><td>（1）土地适用费估算</td><td colspan="2">土地使用权出让金应依照规定估算应支付的土地使用权出让金</td></tr>
<tr><td>（2）与项目建设有关的其他费用估算</td><td colspan="2">包括：
①建设管理费；②可行性研究费；③研究试验费；④勘察费；⑤设计费；⑥专项评价费；⑦场地准备及临时设施费；⑧工程保险费；⑨特殊设备安全监督检验费；⑩市政公用设施费等</td></tr>
<tr><td rowspan="2">（3）与未来企业生产经营有关的其他费用估算</td><td>1）联合试运转费</td><td>不包括应由设备安装工程费项下开支的单台设备调试费及试车费用</td></tr>
<tr><td colspan="2">2）生产准备费</td></tr>
<tr><td>4. 基本预备费估算</td><td colspan="3">基本预备费=（建设工程费+工程建设其他费用）×基本预备费率</td></tr>
<tr><td rowspan="2">5. 价差预备费</td><td>主要内容</td><td colspan="2">（1）人、材、机、设备的价差。
（2）建筑安装工程费及工程建设其他费用的调整。
（3）利率、汇率调整等增加的费用</td></tr>
<tr><td>计算公式</td><td colspan="2">$P=\sum_{t=1}^{n} I_t[(1+f)^m (1+f)^{0.5} (1+f)^{t-1}-1]$
式中　P——价差预备费（万元）；
n——建设期（年）；
I_t——静态投资部分第t年投入的工程费用（万元）；
f——年涨价率（%）；
m——建设前期年限（从编制估算到开工建设，单位：年）</td></tr>
<tr><td rowspan="3">6. 建设期利息估算</td><td>计算方法</td><td colspan="2">当总贷款分年均衡发放，当年借款在年中支用考虑，即当年贷款按半年计息，而以前年度的本利和则按全年计息</td></tr>
<tr><td rowspan="2">计算公式</td><td colspan="2">$q_j=(P_{j-i}+\frac{1}{2}A_j)\ i$　（j=1，…n）
式中　q_j——建设期第j年应计利息；
P_{j-1}——建设期第（j–1）年末累计贷款本金与利息之和；
A_j——建设期第j年贷款金额；
i——年利率；
n——建设期年份数</td></tr>
<tr><td colspan="2">建设期利息合计为：$q=\sum_{j=1}^{n} q_j$</td></tr>
<tr><td colspan="4">在国外贷款利息的计算中，年利率考虑向贷款方加收的手续费、管理费、承诺费以及国内代理机构向贷款方收取的转贷费、担保费、管理费等</td></tr>
</table>

（三）流动资金的估算

可采用**分项详细估算法和扩大指标估算法**。

1. 分项详细估算法	根据项目的流动资产和流动负债，估算项目所占用流动资金的方法： （1）**流动资产**=应**收**账款+预**付**账款+存货+库存现金 （2）**流动负债**=应**付**账款+预**收**账款 （3）**流动资金=流动资产－流动负债** （4）**可行性研究阶段**的流动资金估算应采用**分项详细估算法**
2. 扩大指标估算法	扩大指标估算法**简便易行**，但**准确度不高**，适用于**项目建议书阶段**的估算
	年流动资金额=年费用基数×各类流动资金率

四、投资估算的文件组成

一般由**封面**、**签署页**、**编制说明**、**投资估算分析**、**总投资估算表**、**单项工程投资估算表**、**主要技术经济指标**等内容组成。

（一）编制说明（略）

（二）投资估算分析

投资估算分析应包括以下内容：

（1）工程**投资比例**分析。

（2）分析**设备购置费**、**建筑工程费**、**安装工程费**、**工程建设其他**费用、预备费占建设总投资的比例，分析**引进设备费用占全部设备费用**的比例等。

（3）分析**影响投资**的主要因素。

（4）分析说明**投资高低**原因。

（三）总投资估算汇总表

以表格的形式将**工程费用**、**工程建设其他费用**、**预备费**、**建设期利息**、**流动资金**等估算额进行汇总，形成建设项目投资估算总额。

（四）单项工程投资估算表

单项工程投资估算应分别计算组成工程费用的**建筑工程费**、**设备购置费**、**安装工程费**。

（五）主要技术经济指标

投资估算人员应根据**项目特点**、计算并分析**整个建设项目**、**各单项工程和主要单位工程**的主要技术经济指标。

五、投资估算的审核

投资估算的审核主要从以下几个方面进行：

1. **审核和分析依据的时效性、准确性和实用性**。
2. **审核**选用的方法的**科学性与适用性**。
3. **审核**编制内容与拟建项目规划要求的**一致性**。
4. **审核**费用项目、费用数额的**真实性**。

强化练习

1 关于项目投资估算的作用，下列说法中正确的是（　）。

A．项目建议书阶段的投资估算，是确定建设投资最高限额的依据

B．可行性研究阶段的投资估算，是项目投资决策的重要依据，不得突破

C．投资估算不能作为制定建设贷款计划的依据

D．投资估算是核算建设项目固定资产需要额的重要依据

【答案】D

【解析】

A选项，项目建议书阶段的投资估算是编制项目规划、确定建设规模的参考依据。

B选项，项目可行性研究阶段的投资估算，是项目投资决策的重要依据，当可行性研究报告被批准后，其投资估算额将作为设计任务书中下达的投资限额，即建设项目投资的最高限额，不能随意突破。

C选项，项目投资估算可作为项目资金筹措及制订建设贷款计划的依据。

2 投资估算的主要工作包括：①估算预备费；②估算工程建设其他费；③估算工程费用；④估算设备购置费。其正确的工作步骤是（　）。

A．③④②①　　B．③④①②　　C．④③②①　　D．④③①②

【答案】C

【解析】

建设项目投资估算的基本步骤如下：

（1）分别估算各单项工程所需的建筑工程费、设备及工器具购置费、安装工程费；

（2）在汇总各单项工程费用的基础上，估算工程建设其他费用和基本预备费；

（3）估算价差预备费；

（4）估算建设期利息；

（5）估算流动资金；

（6）汇总出总投资。

3 以拟建项目的主体工程费或主要工艺设备费为基数，以其他辅助或配套工程费占主体工程费的百分比为系数，估算项目总投资的方法是（　）。

A．类似项目对比法　　B．系数估算法

C．生产能力指数法　　D．比例估算法

【答案】B

【解析】系数估算法也称为因子估算法，它是以拟建项目的主体工程费或主要设备购置费为基数，以其他工程费与主体工程费或设备购置费的百分比为系数，依此估算拟建项目总投资的方法。

4 **建设期贷款利息的估算，根据建设期资金用款计划，可按（　）考虑。**

A．当年借款、上年借款均按半年计息

B．当年借款、上年借款均按全年计息

C．当年借款按全年计息，上年借款按半年计息

D．当年借款按半年计息，上年借款按全年计息

【答案】D

【解析】建设期利息的估算，根据建设期资金用款计划，可按当年借款在当年年中支用考虑，即当年借款按半年计息，上年借款按全年计息。

5 **下列工程项目总投资构成项中，应计入单项工程投资估算指标中的是（　）。**

A．设备购置费　　B．基本预备费　　C．涨价预备费　　D.铺底流动资金

【答案】A

【解析】单项工程投资估算应按建设项目划分的各个单项工程分别计算组成工程费用的建筑工程费、设备购置费、安装工程费。

6 **预计某年度应收账款1500万元，应付账款1000万元，预收账款800万元，预付账款400万元，存货1800万元，现金400万元则该年度流动资金的估算额为（　）万元。**

A．2300　　B．1700　　C．2100　　D．1100

【答案】A

【解析】流动资产的构成要素一般包括存货、库存现金、应收账款和预付账款；流动负债的构成要素般包括应付账款和预收账款。流动资金等于流动资产和流动负债的差额。根据流动资金估算的计算公式，本题中该年度流动资金的估算额=1500万元+400万元+1800万元+400万元−（1000+800）万元=2300万元。

7 **采用分项详细估算法估算项目流动资金时，流动资产的正确构成是（　）。**

A．应付账款+预付账款+存货+年其他费用

B．应付账款+应收账款+存货+现金

C．应收账款+存货+预收账款+现金

D．预付账款+现金+应收账款+存货

【答案】C

【解析】本题考查的是可行性研究阶段的投资估算。流动资产=应收账款+预付账款+存货+库存现金；流动负债=应付账款+预收账款。

第三节　设计概算的编制

思维导图

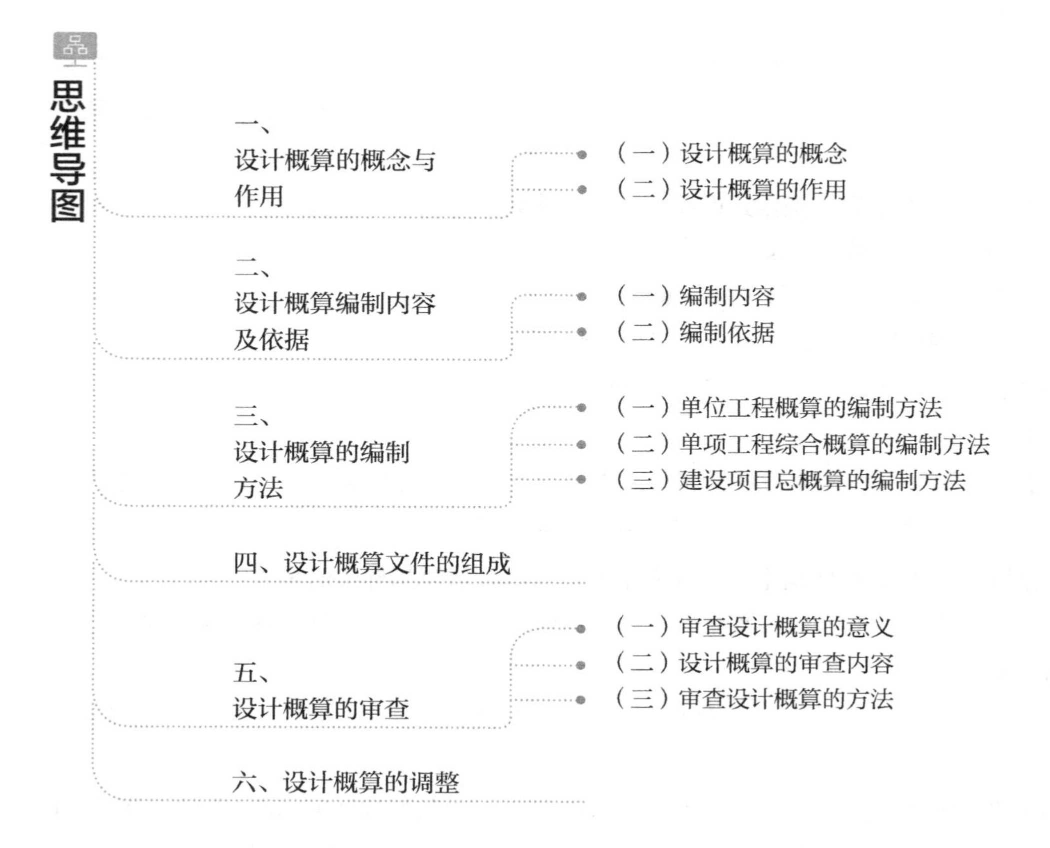

高频考点

一、设计概算的概念与作用

（一）设计概算的概念

两阶段设计的项目→**必须编制设计**概算；**三阶段设计**的项目→**扩大**初步设计阶段编制**修正概算**。

（二）设计概算的作用

（1）设计概算**是编制固定资产投资计划、确定和控制项目投资的依据**。没有批准的初步设计文件及概算，**不能列入**年度固定资产投资计划。

（2）设计概算是**控制施工图设计和施工图预算**的依据。

（3）设计概算是衡量设计方案**技术经济合理性和选择最佳方案**的依据。

（4）设计概算是编制**招标控制价和投标报价**的依据。

（5）设计概算是**签订**建设工程合同和贷款合同的依据。

（6）设计概算是**考核建设项目投资效果**的依据。

二、设计概算编制内容及依据

（一）编制内容

设计概算可分**单位工程概算、单项工程综合概算和建设项目总概算**三级。

1. 单位工程概算	分为**建筑工程概算、设备及安装工程概算**
2. 单项工程综合概算	包括编制说明和综合概算
3. 建设项目总概算	总概算是**设计概算书**的主要组成部分。它是由各**单项工程综合概算、工程建设其他费用概算、预备费和建设期利息**概算汇总编制而成的

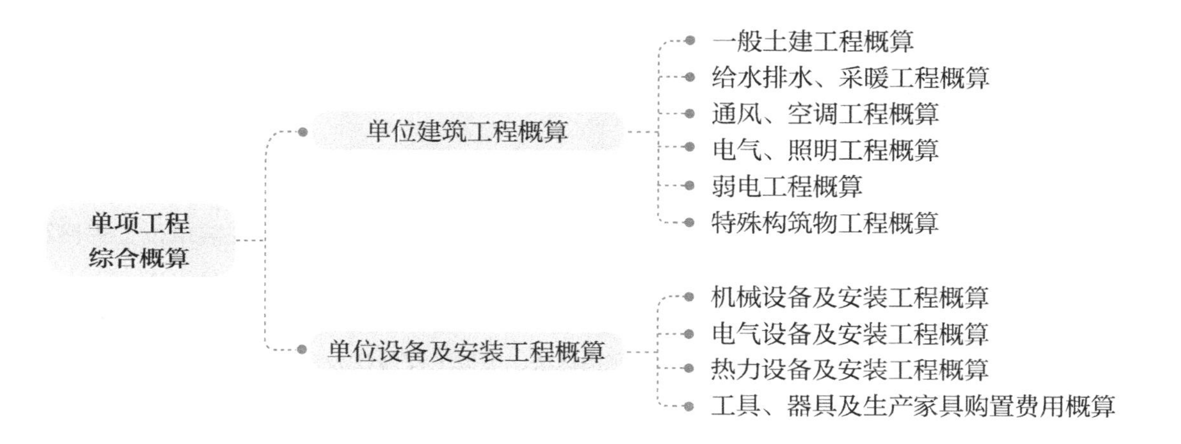

（二）编制依据

1. 国家、行业和地方政府的法律、法规、规定	
2. 相关文件和费用资料	（1）初步设计或扩大初步设计**图纸**、设计**说明书**、设备**清单和材料表**等
	（2）批准的建设项目**设计任务书**（或批准的可行性研究报告）和主管部门的**有关规定**
	（3）现行的**建筑设计概算**定额（综合概算定额或概算指标），现行的**安装设计概算**定额（或概算指标），**类似工程**概预算及**技术经济**指标
	（4）建设工程所在地区的人、材、机械台班价格，标准和非标准设备价格资料，现行的设备原价及运杂费率，**各类造价信息和指数**
	（5）**有关费用标准**。工程所在地区的**土地征购、房屋拆迁、青苗补偿**等费用和**价格资料**
	（6）资金**筹措方式**或**资金来源**
	（7）**正常的**施工组织设计及**常规**施工方案
	（8）项目涉及的有关**文件**、**合同**、**协议**等

续表

3. 施工现场资料	（1）建设场地的工程地质、地形地貌等自然条件资料和建设工程所在地区的有关**技术经济**条件资料
	（2）项目所在地区有关的**气候、水文、地质地貌**等自然条件
	（3）项目所在地区的**经济、人文**等社会条件
	（4）项目的技术复杂程度，以及**新工艺、新材料、新技术、新结构、专利**使用情况等
	（5）建设项目拟定的**建设规模**、**生产能力**、**工艺流程**、**设备及技术**要求等情况
	（6）项目建设的准备情况，包括"**三通一平**"，施工方式的确定，施工用水、用电的供应等诸多因素

三、设计概算的编制方法

（一）单位工程概算的编制方法

每个单体按专业分别编制，分**建筑工程、设备及安装**两大类。建筑及安装单位工程概算投资由**人工费、材料费**、**施工机具使用费**、**企业管理费**、**利润**、**增值税六部分**组成。

1. **建筑工程概算**的编制方法	**概算定额法、概算指标法、类似工程预算法**等
2. **设备及安装工程概**算的编制方法	**预算单价法、扩大单价法、设备价值百分比和综合吨位指标法**

1. 建筑工程概算的编制方法

（1）概算定额法

又称扩大单价法或扩大结构定额法。特点：**精度较高**，但工作量大，需要**大量的人力和物力**。

具体步骤如下：

1）**熟悉图纸**。

2）按照分部分项顺序，列分部项目名称，并**计算工程量**。

3）**确定**各分部工程概算定额**单价**。

4）根据单价**计算人工、材料、机械费用**。

5）**计算企业管理费、利润和增值税**。

6）计算**单位工程概算造价**。

7）**编写**概算**编制说明**。

（2）概算指标法

适用范围	1）设计深度不够，**不能准确地计算出工程量**，但工程设计技术比较成熟而又有类似工程概算指标可以利用
	2）初步设计阶段编制的建筑物工程，以及较为简单或单一的构筑工程

设计对象的结构特征与概算指标有局部差异时的调整	调整概算指标中的每m^2（m^3）造价 **结构变化修正概算指标**（元/m^2）$=J+Q_1P_1-Q_2P_2$ 式中　J——原概算指标； Q_1（Q_2）——概算指标中**换入**（**换出**）结构的工程量； P_1（P_2）——**换入**（**换出**）结构的工料单价
	拟建工程造价为：人、材、机费＝修正后的概算指标×拟建工程建筑面积（体积）
设备、人工、材料、机械台班费用的调整	结构变化修正概算指标的人、料、机数量=原概算指标的人、料、机数量+换入结构件的工程量×相应定额人、料、机消耗量－换出结构件的工程量×相应定额人、料、机消耗
以上两种方法，**前者是**直接**修正**结构件**指标单价**，**后者是修正结构件**指标人、料、机**数量**	
在进行指标修正时，要**消除要素价格差异的影响**，**保证**各部分价格**是同条件下**的可比价格	

（3）类似工程预算法

适用于与已完工程或在建工程的设计**相类似**，**而又没有可用的概算指标**时采用，采用类似工程预算法**必须对建筑结构差异和价差进行调整**。

建筑结构差异的调整（同概算指标法）	结构变化修正概算指标（元/m^2）$=J+Q_1P_1-Q_2P_2$
价差调整：两种	1）有人工、材料、机械的用量，乘以拟建工程所在地的人工、材料、机械的单价，得人、材、机的费用并汇总。
	2）只有**人、材、机费用和企业管理费**等**费用或费率**时 $D=AK$ $K=a\%K_1+b\%K_2+c\%K_3+d\%K_4$ 式中　D——拟建工程成本单价； A——**类似**工程成本单价； K——成本单价**综合调整系数**； $a\%$、$b\%$、$c\%$、$d\%$——类似工程预算的人工费、材料费、施工机具使用费、其他费占预算造价的比重； K_1、K_2、K_3、K_4——**拟建**工程地区与**类似**工程预算造价在人工费、材料费、施工机具使用费、企业管理费之间的差异系数

2．设备及安装单位工程概算的编制方法

包括**设备购置费**概算和**设备安装工程费**概算两大部分。

（1）设备购置费概算

根据初步设计的设备清单**计算出设备原价**，并**汇总求出设备总原价**，然后按有关规定的设备运杂**费率乘以设备总原价**，**两项相加**即为设备购置费概算。

（2）设备安装工程概算的编制方法

方法		适用条件
1）预算单价法	**适用条件**	初步设计**较深**，有详细的设备清单
2）扩大单价法		初步设计**深度不够**，**设备清单不完备**，只有主体设备或仅有成套设备重量
3）设备价值百分比		初步设计深度不够，**只有设备出厂价**而无详细规格、重量
4）综合吨位指标法		初步设计提供的设备清单有规格和设备重量

（二）单项工程综合概算的编制方法

1. 含义	以**初步设计文件**为依据，在**单位工程概算**的基础上**汇总单项工程工程费用**的**成果文件**，是**设计概算书**的组成部分
2. 内容	以单项工程所包括的**各个单位工程概算为基础**，综合概算表由**建筑工程和设备及安装工程**两大部分组成

（三）建设项目总概算的编制方法

1. 含义	对于建设单位**仅增建一个单项工程**项目时，可**不需要编制综合概算**，直接**编制总概算**，也就是按**二级**编制设计概算（**即：单位工程概算→单项工程总概算**）
2. 内容	总概算文件应包括：**编制说明**、**总概算表**、**各单项工程综合概算书**、**工程建设其他费用概算表**、**主要建筑安装材料汇总表**。独立装订成册的总概算文件宜加封面、签署页（扉页）和目录

一般来说，一个**完整的建设项目应按三级编制设计概算**（即：**单位工程概算→单项工程综合概算→建设项目总概算**）。

（1）编制说明

总概算编制说明一般应包括以下主要内容：

1）项目概况	**2）主要技术经济指标**	**3）资金来源**
4）编制依据	**5）其他需要说明的问题**	**6）总说明附表**

（2）总概算表

编制时需注意：

1）工程费用按**单项工程综合概算**组成编制，采用**二级编制的按单位工程**概算组成编制。

2）其他费用一般按**其他费用**概算顺序列项。

3）预备费包括**基本预备费和价差预备费**。

4）应列入项目概算总投资中的几项费用一般包括**建设期利息、铺底流动资金**等。

四、设计概算文件的组成

概算文件的编制形式，根据项目的**功能、规模、独立性程度**等因素**来决定**采用三**级**编制（总概算、综合概算、单位工程概算）还是二**级**编制（总概算、单位工程概算）形式。

采用三级编制形式	一般由封面、签署页及目录、编制说明、总概算表、其他费用计算表、单项工程综合概算表组成总概算册，根据情况由封面、单项工程综合概算表、单位工程概算表及附件组成**各概算分册**
采用二级编制形式	一般由封面、签署页及目录、编制说明、总概算表、其他费用计算表、单位工程概算表组成，**可将所有概算文件组成一册**

五、设计概算的审查

（一）审查设计概算的意义

（1）利于**控制工程造价**。

（2）**提高概算编制质量**。

（3）促进设计的**技术先进性与经济合理性**。

（4）**核定项目的投资规模**。

（5）有利于**提供可靠的依据**。

（二）设计概算的审查内容

1. 审查设计概算的编制依据	（1）合法性 （2）时效性 （3）适用范围
2. 审查概算编制深度	（1）审查编制说明 （2）审查概算编制深度 （3）审查概算的编制范围
3. 审查概算的内容	

（三）审查设计概算的方法

对比分析法	对比分析发现设计概算存在的主要问题和偏差
查询核实法	对一些**较大投资进行多方查询核对，逐项落实**
联合会审法	在设计单位自审、承包单位初审、咨询单位评审、邀请专家预审、审批部门复审等层层把关后，由有关单位和专家共同审核

六、设计概算的调整

批准后的设计概算**一般不得调整**。可调整概算情形：

（1）**超出原设计范围**的重大变更。

（2）**超出**基本预备费规定范围，**不可抗拒的重大自然灾害**引起的工程变动或费用增加。

（3）**超出**工程造价调整预备费，**属国家重大政策性变动**因素引起的调整。

调整概算应**由建设单位**调查分析变更原因报主管部门，**审批同意**后，由原设计单位**核实编制调整**概算，**并按有关审批程序报批**。

由于**设计范围的重大变更**而需调整概算时，需要**重新编制可行性研究报告**，经论证**评审可行**审批后，**才能调整**概算。

建设单位（项目业主）**自行扩大**建设规模、提高建设标准等而增加费用**不予调整**。

需要调整概算的工程项目，影响工程概算的主要因素已经清楚，工程量完成了一定量后方可进行调整，**一个工程只允许调整一次概算**。

强化练习

1 设计概算的内容不包括（　　）。

A. 分部工程概算　　B. 单位工程概算

C. 建设项目总概算　　D. 单项工程综合概算

【答案】A

【解析】设计概算可分单位工程概算、单项工程综合概算和建设项目总概算三级。

2 设备安装工程费概算的编制方法中，（　　）常用于设备价格波动较大的非标准设备和引进设备的安装工程概算。

A. 预算单价法　　B. 设备价值百分率法

C. 扩大单价法　　D. 综合吨位指标法

【答案】D

【解析】当设计文件提供的设备清单有规格和设备重量时，可采用综合吨位指标编制概算，综合吨位指标由主管部门或由设计院根据已完类似工程资料确定。该法常用于设备价格波动较大的非标准设备和引进设备的安装工程概算，或者安装方式不确定，没有定额或指标。

3 审查设计概算的方法中，（　　）是对一些关键设备和设施、重要装置、引进工程图样不全、难以核算的较大投资进行多方查询核对、逐项落实的方法。

A. 对比分析法　　B. 查询核实法

C. 设备价值百分率法　　D. 联合会审法

【答案】B

【解析】查询核实法是对一些关键设备和设施、重要装置、引进工程图纸不全、难以核算的较大投资进行多方查询核对，逐项落实的方法。

4 **按照国家有关规定，作为年度固定资产投资计划、计划投资总额及构成数额的编制和确定依据的是（　）。**

A．经批准的投资估算　　B．经批准的设计概算

C．经批准的施工图预算　　D．经批准的工程决算

【答案】B

【解析】本题考查的是设计概算的编制。设计概算是编制固定资产投资计划、确定和控制建设项目投资的依据。

5 **当设计深度不够，只有设备出厂价而无详细规格、重量时，安装费可按（　）计算。**

A．设备购置费概算法　　B．预算单价法

C．设备价值百分比法　　D．综合吨位指标法

【答案】C

【解析】设备价值百分比法，也称安装设备百分比法。当设计深度不够，只有设备出厂价而无详细规格、重量时，安装费可按占设备费的百分比计算。

6 **审查设计概算的方法主要包括（　）。**

A．工料单价法　　B．对比分析法　　C．联合会审法

D．查询核实法　　E．综合单价法

【答案】BCD

【解析】

（1）对比分析法：对比分析法主要是通过建设规模、标准与立项批文对比，工程数量与设计图纸对比，综合范围、内容与编制方法、规定对比，各项取费与规定标准对比，材料、人工单价与统一信息对比，引进设备、技术投资与报价要求对比，技术经济指标与同类工程对比等。

（2）查询核实法：查询核实法是对一些关键设备和设施、重要装置、引进工程图纸不全、难以核算的较大投资进行多方查询核对，逐项落实的方法。

（3）联合会审法：联合会审前，可先采取多种形式分头审查，包括设计单位自审，主管、建设、承包单位初审，工程价咨询公司评审，邀请同行专家预审，审批部门复审等，经层层审查把关后，由有关单位和专家进行联合会审。

7 **实务操作中，设备安装工程费概算的编制方法应根据初步设计深度和要求所明确的程度而采用，主要编制方法有（　）。**

A．预算单价法　　B．扩大单价法　　C．综合单价法

D．综合吨位指标法　　E．设备价值百分比法

【答案】ABDE

【解析】设备安装工程费概算的编制方法应根据初步设计深度和要求所明确的程度而采

用，主要编制方法有：

（1）预算单价法。

（2）扩大单价法。

（3）设备价值百分比法，也称安装设备百分比法。

（4）综合吨位指标法。

8 **单位设备安装工程概算的编制方法主要有（　　）。**

A．设备价值百分比法　　B．概算定额法　　C．综合吨位指标法

D．概算指标法　　E．预算单价法

【答案】ACE

【解析】本题考查的是设计概算的编制。单位设备安装工程概算的编制方法主要有设备价值百分比法、综合吨位指标法、预算单价法、扩大单价法。

第四节　施工图预算的编制

思维导图

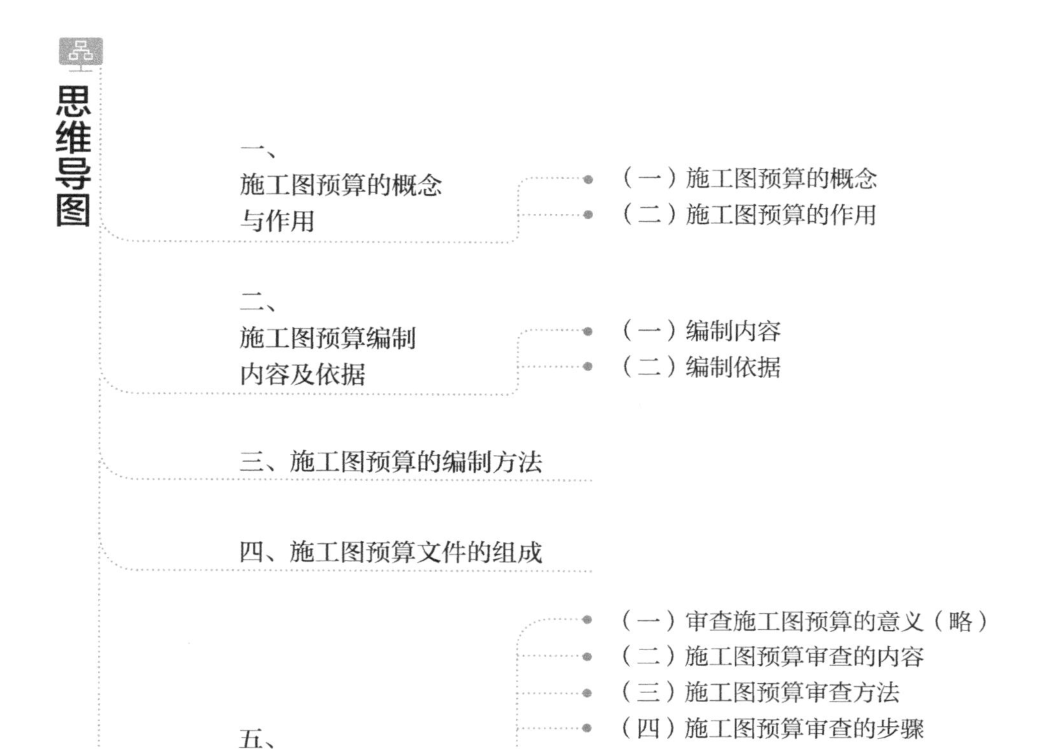

高频考点

一、施工图预算的概念与作用

（一）概念

以**施工图设计文件**为依据，在**施工前**对进行预测与计算工程费用。成果是**施工图预算书**，也称施工图预算。

（二）作用

对设计方的作用	（1）进行**控制投资**。 （2）**调整、优化设计**
对投资方的作用	（1）**设计阶段控制工程造价的重要环节**，是控制施工图设计**不突破设计概算**的重要措施。 （2）**控制造价及资金合理使用**的依据。 （3）确定**工程招标限价（或标底）**的依据。 （4）确定**合同价款、拨付工程进度款及办理工程结算**的基础

续表

对施工方的作用	（1）施工企业**投标报价**的基础。 （2）预算**包干的依据和签订施工合同的主要内容**。 （3）施工企业安排**调配施工力量、组织材料供应**的依据。 （4）施工企业**控制工程成本**的依据。 （5）进行**“两算”对比**的依据。**施工图预算和施工预算**的对比分析可降低施工成本
对其他有关方的作用	（1）对**造价咨询企业**能够**保证企业信誉**、**提高企业市场竞争力**。 （2）对**项目管理、监理等中介服务**是为业主方提供**投资控制**咨询服务的依据。 （3）对于工程**造价管理部门**而言，是监督、检查定额标准执行情况、测算造价指数以及**审定工程招标限价（或标底）**的重要依据 （4）施工图预算还是有关**调解**、**仲裁**、**司法机关**按照法律程序处理、**解决问题**的依据

二、施工图预算编制内容及依据

（一）编制内容

施工图预算分为**单位工程施工图预算、单项工程施工图预算和建设项目总预算**。

单位工程预算	以**单位工程为对象**编制	
单项工程预算	以**单项工程**为对象，汇总各个单位工程施工图预算，成为单项工程施工图预算（简称单项工程预算）	
建设项目总预算	以**建设项目为**对象，汇总各个单项工程施工图预算和工程建设其他费用估算，形成最终的建设项目总预算	
单位工程预算	**建筑工程预算**	**一般土建、装饰装修、给水排水、采暖通风、煤气、电气照明、弱电工程、特殊构筑物如煤窑等工程预算和工业管道工程预算**等
	设备安装工程预算	**机械设备、电气和热力设备安装工程预算**等

（二）编制依据（略）

三、施工图预算的编制方法

1．编制方法综述

施工图预算是按照**单位工程→单项工程→建设项目**逐级编制和汇总的，编制的**关键**在于**单位工程施工图预算**。

<table>
<tr><td rowspan="3">工料单价法</td><td colspan="2">指以分部分项工程量乘以对应工料单价汇总后+企业管理费、利润、税金形成</td></tr>
<tr><td rowspan="2">按单价产生的方法不同，工料单价法又可以分为：</td><td>（1）预算单价法</td></tr>
<tr><td>（2）实物量法</td></tr>
<tr><td>综合单价法</td><td colspan="2">综合单价法是适应市场经济条件的工程量清单计价模式下的施工图预算编制方法</td></tr>
</table>

2．实物量法

人工费=综合工日消耗量×综合工日单价
材料费=∑（各种材料消耗量×相应材料单价）
施工机具使用费=∑（各种机械消耗量×相应机具台班单价）

实物量法的优点：能及时地将反映各种人工、材料、机械的当时当地市场单价计入预算价格，**不需调价**，反映当时当地的**工程价格水平**。

实物量法编制施工图预算的基本步骤如下：

<table>
<tr><td>（1）做编制前的准备工作</td><td>（2）熟悉图纸等设计文件和预算定额</td></tr>
<tr><td>（3）了解施工组织设计和施工现场情况</td><td>（4）划分工程项目和计算工程量</td></tr>
<tr><td colspan="2">（5）套用定额消耗量，计算人工、材料、机械台班消耗量</td></tr>
<tr><td colspan="2">（6）计算并汇总单位工程的人工费、材料费和施工机具使用费</td></tr>
<tr><td colspan="2">（7）计算其他费用，汇总工程造价</td></tr>
</table>

四、施工图预算文件的组成

施工图预算文件应由**封面**、**签署页及目录**、**编制说明**、**建设项目总预算表**、**其他费用计算表**、**单项工程综合预算表**、**单位工程预算表**等组成。

编制说明一般包括以下几个方面的内容：

（1）**编制依据**，包括本预算的设计文件全称、设计单位，所依据的定额名称，在计算中所依据的其他文件名称和文号，施工方案主要内容等。

（2）**图纸变更情况**，包括施工图中变更部位和名称，因某种原因变更处理的构部件名称，因涉及图纸会审或施工现场需要说明的有关问题。

（3）**执行定额的有关问题**，包括按定额要求本预算已考虑和未考虑的有关问题；因定额缺项，本预算所作补充或借用定额情况说明；甲乙双方协商的有关问题。

五、施工图预算的审查

（一）审查施工图预算的意义（略）

（二）审查的内容

1. 工程量的审查	2. 审查设备、材料的预算价格
3. 审查预算单价的套用	4. 审查有关费用项目及其取值

（三）审查方法

方法	特点
全面审查法	又称逐项审查法，全面细致，**质量高，工作量大，时间较长**
标准预算审查法	时间**较短**，效果好；应用**范围较小**
分组计算审查法	可加**快工程量**审查的**速度；精度较差**
对比审查法	速度快，需要**丰富的相关工程数据库**作为开展工作的基础
筛选审查法	便于掌握，速度较快；有局限性，适用于**住宅工程或不具备全面审查条件**的工程项目
重点抽查法	**重点突出**，时间较短，**效果较好**；对审查人员的**专业素质要求较高**
利用手册审查法	将工程常用构配件事先整理成预算手册，**按手册对照审查**
分解对比审查法	将一个单位工程按**直接费和间接费**进行分解，然后再将直接费按工种和分部工程进行分解，分别与审定的标准预结算进行对比分析

（四）施工图预算审查的步骤

1. **做好审查前的准备工作**。
2. **选择合适的审查方法，按相应内容审查**。
3. **预算调整**。

（五）施工图预算的批准

经审查合格后的施工图预算提交审批部门复核，**复核无误后就可以批准**，一般以文件的形式正式下达审批预算。与设计概算的审批不同，**施工图预算的审批**虽然要求审批部门应具有相应的权限，但其**严格程度较低**些。

强化练习

1 关于施工图预算的作用，下列说法中正确的是（　）。

A．施工图预算可以作为业主拨付工程进度款的基础

B．施工图预算是工程造价管理部门制订招标控制价的依据

C．施工图预算是业主方进行施工图预算与施工预算“两算”对比的依据

D．施工图预算是施工单位安排建设资金计划的依据

【答案】A

【解析】对投资单位而言，通过施工图预算控制工程投资。施工图预算的作用有：施工图预算可以作为确定合同价款、拨付工程进度款及办理工程结算的基础；施工图预算是控制造价及资金合理使用的依据，投资方可按施工图预算造价筹集建设资金，合理安排建设资金计划，确保建设资金的有效使用，保证项目建设顺利进行。对施工方而言，可通过施工图预算进行工程投标和控制分包工程合同价格。对于工程造价管理部门而言，施工图预算是监督、检查定额标准执行情况、测算造价指数以及审定工程招标限价或标底的重要依据。

2 对（　）而言，编制施工图预算可以用来检验工程设计在经济上的合理性。

A．投资单位　B．设计单位　C．施工单位　D．监理单位

【答案】B

【解析】

对设计单位而言，通过施工图预算来检验设计方案的经济合理性。其作用有：

（1）根据施工图预算进行控制投资。

（2）根据施工图调整预算、优化设计。

3 审查施工图预算方法较多，其中（　）的优点是简单易懂，便于掌握，审查速度和发现问题快，但要解决差错、分析其原因需继续审查。

A．全面审查法　B．标准预算审查法

C．筛选审查法　D．重点抽查法

【答案】C

【解析】筛选审查法。筛选法的优点是简单易懂，便于掌握，审查速度和发现问题快，但要解决差错、分析其原因需继续审查。

4 对于工程造价管理部门而言，（　）是监督、检查执行定额标准、合理确定工程造价、测算造价指数及审查招标工程招标控制价的重要依据。

A．设计概算　B．预算定额　C．综合概算　D．施工图预算

【答案】D

【解析】对于工程造价管理部门而言，施工图预算是监督、检查定额标准执行情况、测算造价指数以及审定工程招标限价（或标底）的重要依据。

5 对施工企业而言，施工图预算的作用包括（　　）。

A．施工图预算是投标报价的基础

B．施工图预算可作为确定招标控制价的参考依据

C．根据施工图预算控制工程成本

D．根据施工图预算拨付和结算工程价款

E．根据施工图预算进行“两算”对比

【答案】ACE

【解析】对施工方而言，通过施工图预算进行工程投标和控制分包工程合同价格。其作用有：

（1）施工图预算是投标报价的基础。

（2）施工图预算是建筑工程预算包干的依据和签订施工合同的主要内容。

（3）施工图预算是安排调配施工力量、组织材料设备供应的依据。

（4）施工图预算是控制工程成本的依据。

（5）施工图预算是进行“两算”对比的依据。

第六章

工程施工招投标阶段造价管理

思维导图

第一节 施工招标方式与程序
- 一、招标投标的概念
- 二、我国招标投标制度概述
- 三、工程施工招标方式
- 四、工程施工招标组织形式
- 五、工程施工招标程序

第二节 施工招投标文件组成
- 一、施工招标文件的组成
- 二、施工投标文件的组成

第三节 施工合同示范文本
- 一、《建设工程施工合同（示范文本）》概述
- 二、《建设工程施工合同（示范文本）》的主要内容

第四节 工程量清单编制
- 一、工程量清单编制概述
- 二、分部分项工程项目清单
- 三、措施项目清单
- 四、其他项目清单
- 五、规费、增值税项目清单

第五节 最高投标限价的编制
- 一、最高投标限价概述
- 二、最高投标限价的编制规定
- 三、最高投标限价的编制内容
- 四、最高投标限价的确定

第六节 投标限价编制
- 一、投标报价编制的原则与依据
- 二、投标报价的前期工作
- 三、询价与工程量复核
- 四、投标报价的编制方法和内容

第一节　施工招标方式与程序

思维导图

- 一、招标投标的概念
- 二、我国招标投标制度概述
- 三、工程施工招标方式
- 四、工程施工招标组织形式
- 五、工程施工招标程序

高频考点

一、招标投标的概念

招标投标制度意在**鼓励竞争，防止垄断，提高投资效益和社会效益**。

作用	（1）省钱，确保质量和工期，**提高投资效益和社会效益**。 （2）公平竞争，有利于**完善和推动**建立社会主义市场经济的步伐。 （3）有利于实现社会资源的优化配置，提高企业的**业务技术能力和企业管理水平**。 （4）有利于**克服不正当竞争**，防止和堵住采购活动中的腐败行为。 （5）**有利于保护**国家、社会公共利益和活动**当事人的合法利益**

二、我国招标投标制度概述

必须招标的建设工程范围

（1）**全部或者部分使用国有资金投资或者国家融资的项目**	1）使用预算资金200万元人民币以上，并且该资金占投资额10%以上的项目； 2）使用国有企业事业单位资金，并且该资金**占控股或者主导地位**的项目
（2）**使用国际组织或者外国政府贷款、援助资金的项目**	1）使用**世界银行、亚洲开发银行**等国际组织贷款、**援助资金**的项目； 2）使用**外国政府及其机构贷款、援助资金**的项目
（3）除（1）、（2）规定情形外的**大型基础设施、公用事业等关系社会公共利益、公众安全**的项目，必须招标的**具体范围由国务院发展改革部门**会同国务院有关部门按照确有必要、严格限定的原则制定，**报国务院批准**	
（4）以上规定范围内的项目，其勘察、设计、施工、监理以及与工程建设有关的**重要设备、材料**等的采购达到**下列标准之一的，必须招标**	1）施工单项合同估算价在400万元人民币**以上**； 2）货物采购，单项合同估算价在200万元人民币**以上**； 3）服务（**勘察、设计、监理**）采购，单项合同估算价在100万元人民币**以上**

涉及国家安全、国家机密、抢险救灾或者**属于利用扶贫资金**实行以工代赈、需要使用农民工等特殊情况，不适宜进行招标的项目，按照国家有关规定可**以不进行招标**。

此外，**有下列情形之一的，也可以不进行招标**：

（1）拥有**不可替代**的专利或者专有技术	（2）采购人**自行建设**、生产或者提供
（3）已选定的特许经营项目**投资人能够自行建设**、生产或者提供	
（4）需向**原中标人采购**，否则将影响施工或者功能配套要求	
（5）国家规定的**其他特殊情形**	

三、工程施工招标方式

分为**公开招标**和**邀请招标**两种方式。

	优点	缺点
公开招标	（1）招标人可以在**较广的**范围内选择承包商，**易于获得有竞争性的商业报价**。 （2）同时，也可以在较大程度上避免招标过程中的贿标行为	（1）**工作量大、招标时间长、费用高**。 （2）资格条件的设置不当，导致评标困难，甚至出现**恶意报价**行为。 （3）**增大合同履约风险**
邀请招标	**节约了**招标**费用**、**缩短了**招标**时间**	**投标竞争激烈程度较差**

四、工程施工招标组织形式

招标分为招标人**自行组织招标**和招标人**委托招标代理机构代理**招标两种组织形式。

招标人具有编制招标文件和组织评标能力的，可自行办理招标事宜，组织招标投标活动，任何单位和个人不得**强制其委托**。任何单位和个人**不得以任何方式为招标人指定**招标代理机构。

招标代理机构应当具备下列条件：

（1）**有营业场所和相应资金**。

（2）**有相应专业力量**。

（3）**有可作评标委员会的技术、经济等方面的专家库**。

招标代理机构**不得在所代理的招标项目中投标或者代理投标，也不得为所代理的招标项**目的**投标人提供咨询**。

五、工程施工招标程序

公开招标与邀请招标在招标程序上的差异主要是**使承包商获得招标信息的方式不同，对投标人资格审查的方式不同**。公开招标与邀请招标均要经过**招标准备、资格审查与投标、开标评标与授标三个阶段**。

强化练习

1 **某电力工程招标项目，下列说法正确的是（　　）。**

A．施工单项合同额小于450万元的，可以不招标

B．重要设备、材料采购，单项合同额小于300万元的，可以不招标

C．勘察、设计或监理单项合同额小于150万元的，可以不招标

D．监理单项合同额为150万元，必须招标

【答案】D

【解析】本规定范围内的项目，其勘察、设计、施工、监理以及与工程建设有关的重要设备、材料等的采购达到下列标准之一的，必须招标：

（1）施工单项合同估算价在400万元人民币以上。

（2）重要设备、材料等货物的采购，单项合同估算价在200万元人民币以上。

（3）勘察、设计、监理等服务的采购，单项合同估算价在100万元人民币以上。同一项目中可以合并进行的勘察、设计、施工、监理以及与工程建设有关的重要设备、材料等的采购，合同估算价合计达到前款规定标准的，必须招标。

2 **下列建设项目中，属于依法应当进行公开招标范围的是（　　）。**

A．涉及国家安全、国家机密的项目

B．使用国有企业事业单位资金，并且该资金占控股或者主导地位的项目

C．使用企业事业单位自有资金的项目

D．使用上市公司资金的项目

【答案】B

【解析】《招标投标法》规定，涉及国家安全、国家秘密、抢险救灾或者属于利用扶贫资金实行以工代赈、需要使用农民工等特殊情况，不适宜进行招标的项目，按照国家有关规定可以不进行招标。A选项不属于公开招标。《招标投标法实施条例》明确规定，国有资金占控股或者主导地位的依法必须进行招标的项目，应当公开招标。B选项正确，C选项不完整。D选项不符合必须进行公开招标的项目。

3 **关于招标方式的说法，正确的是（　　）。**

A．公开招标是招标人以招标公告的方式邀请特定的法人或者其他组织投标

B．邀请招标是指招标人以投标邀请书的方式要求五个以上特定的法人或者其他组织投标

C．招标人不得以不合理的条件限制或者排斥潜在投标人

D．与邀请招标方式相比，公开招标的优点节约了招标费用、缩短了招标时间

【答案】C

【解析】公开招标，是指招标人以招标公告的方式邀请不特定的法人或者其他组织投标，A选项错。邀请招标，是指招标人以投标邀请书的方式邀请特定的法人或者其他组织投标。招标人采用邀请招标方式的，应当向三个以上具备承担投标项目的能力、资信

良好的特定的法人或者其他组织发出投标邀请书，B选项错。与公开招标方式相比，邀请招标的优点是不发布招标公告，不进行资格预审，简化了招标程序，因而节约了招标费用，缩短了招标时间。

4 **在招标方式中，邀请招标与公开招标比较，其缺点主要有（ ）等。**

A．选择面窄，有可能排除某些在技术上或报价上有竞争力的承包商参与投标

B．投标竞争的激烈程度较差

C．招标时间长

D．对投标申请者进行评标的工作量大

E．招标费用高

【答案】AB

【解析】与公开招标方式相比，邀请招标的优点是不发布招标公告，不进行资格预审，简化了招标程序，因而节约了招标费用，缩短了招标时间。而且由于招标人比较了解投标人，从而减少了合同履约过程中承包商违约的风险。邀请招标的缺点主要体现在邀请招标的投标竞争激烈程度较差，有可能会提高中标合同价格，也有可能排除某些在技术上或报价上有竞争力的承包商参与投标。

5 **下列情形中，依法可以不招标的项目有（ ）。**

A．需要使用不可替代的施工专有技术的项目

B．采购人的全资子公司能够自行建设的

C．需要向原中标人采购工程，否则将影响施工或者功能配套要求的

D．只有少量潜在投标人可供选择的项目

E．已通过招标方式选定的特许经营项目投资人依法能够自行建设的

【答案】ACE

【解析】本题考查的是施工招标方式和程序。可以不进行招标的建设工程项目：

①涉及国家安全、国家秘密或者抢险救灾而不适宜招标的。

②属于利用扶贫资金实行以工代赈、需要使用农民工的。

③需要采用不可替代的专利或者专有技术的。

④采购人依法能够自行建设、生产或者提供。

⑤已通过招标方式选定的特许经营项目投资人依法能够自行建设。

⑥需要向原中标人采购工程、货物或者服务，否则将影响施工或者功能配套要求。

⑦法律、行政法规规定的其他情形。

第二节　施工招投标文件组成

思维导图

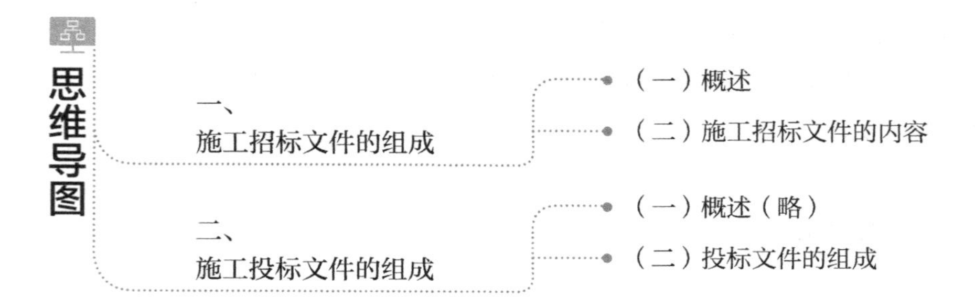

高频考点

一、施工招标文件的组成

（一）概述（略）

（二）施工招标文件的内容

<table>
<tr><td colspan="4">1. 招标公告（或投标邀请书）</td></tr>
<tr><td rowspan="11">2. 投标人须知</td><td>（1）总则</td><td colspan="2">（2）招标文件</td></tr>
<tr><td rowspan="5">（3）投标文件</td><td colspan="2">投标保证金≤2%招标项目估算价，最高≤80万元人民币</td></tr>
<tr><td colspan="2">有效期：与投标有效期一致</td></tr>
<tr><td colspan="2">投标保证金应从其基本账户转出</td></tr>
<tr><td colspan="2">招标人不得挪用投标保证金</td></tr>
<tr><td colspan="2">不按要求提交投标保证金的，作废标处理</td></tr>
<tr><td rowspan="2">（4）投标</td><td colspan="2">招标文件开始发出之日起至投标人提交投标文件截止之日止，最短不得少于20日</td></tr>
<tr><td colspan="2">投标人在投标文件截止时间前，可补充、修改、替代或者撤回已提交的投标文件，并书面通知招标人。补充、修改的内容为投标文件的组成部分</td></tr>
<tr><td>（5）开标</td><td colspan="2">规定开标的时间，地点和程序</td></tr>
<tr><td>（6）评标</td><td>（7）合同授予</td><td>（8）重新招标和不再招标</td></tr>
<tr><td>（9）纪律和监督</td><td colspan="2">（10）需要补充的其他内容</td></tr>
<tr><td>3. 评标办法</td><td colspan="3">招标文件中没有规定的方法、评审因素和标准，不作为评标依据。</td></tr>
<tr><td>4. 合同条款及格式</td><td colspan="3">包括通用合同条款、专用合同条款以及各种合同附件的格式。</td></tr>
<tr><td>5. 工程量清单</td><td>6. 图纸</td><td colspan="2">7. 技术标准与要求</td></tr>
<tr><td>8. 投标文件格式</td><td colspan="3">9. 规定的其他材料</td></tr>
</table>

二、施工投标文件的组成

<table>
<tr><td>1. 投标函及投标函附录</td><td colspan="2">需投标单位盖章和法定代表人或其委托代理人签字</td></tr>
<tr><td>2. 法定代表人身份证明或附有法定代表人身份证明的授权委托书</td><td colspan="2">投标文件必须包括企业法定代表人身份证明或附有法定代表人身份证明的授权委托书，以确保投标系企业行为，企业愿意承担由此产生的收益和风险</td></tr>
<tr><td rowspan="5">3. 联合体协议书</td><td colspan="2">各方均应当具备承担招标项目的相应能力</td></tr>
<tr><td colspan="2">由同一专业的单位组成的联合体，资质就低</td></tr>
<tr><td colspan="2">中标的，联合体各方应当共同与招标人签订合同，就中标项目向招标人承担连带责任</td></tr>
<tr><td colspan="2">签订共同投标协议后，不得再以自己名义单独投标，也不得组成新的联合体或参加其他联合体在同一项目中投标</td></tr>
<tr><td colspan="2">投标联合体未提交联合体协议书的，否决投标</td></tr>
<tr><td>4. 投标保证金</td><td>5. 已标价工程量清单</td><td>6. 施工组织设计</td></tr>
<tr><td>7. 项目管理机构</td><td>8. 拟分包项目情况表</td><td>9. 资格审查资料</td></tr>
<tr><td colspan="3">10. 投标人须知前附表规定的其他材料</td></tr>
</table>

强化练习

1 关于投标的说法，错误的是（　）。

A．投标文件未经投标单位盖章和单位负责人签字的，招标人应当拒收

B．投标文件未按照招标文件要求密封的，招标人应当拒收

C．投标截止后投标人撤销投标文件的，招标人可以不退还投标保证金

D．投标人在招标文件要求提交投标文件的截止时间前，可以补充、修改或者撤回已提交的投标文件

【答案】A

【解析】选项A错误，不是拒收，是否决其投标。投标文件未经投标单位盖章和单位负责人签字的，投标人不符合国家或者招标文件规定的资格条件的，评标委员会应当否决其投标。

2 依法必须进行招标的项目，自招标文件开始发出之日起至投标人提交投标文件截止之日止，最短不得少于（　）天。

A．5　　B．7　　C．14　　D．20

【答案】D

【解析】在投标过程中应当确定投标人编制投标文件所需要的合理时间。依法必须进行招标的项目，自招标文件开始发出之日起至投标人提交投标文件截止之日止，最短不得少于20日。

3 **根据《工程建设项目施工招标投标办法》，关于投标保证金说法正确的是（　　）。**

A．投标保证金最高不得超过50万元

B．招标人发了中标通知书，投标保证金的有效期自动终止

C．投标保证金只能以现金的方式提交

D．招标人不得挪用投标保证金

【答案】D

【解析】投标保证金不得超过招标项目估算价的2%，且最高不得超过八十万元人民币。投标保证金有效期应当与投标有效期一致。依法必须进行招标的项目的境内投标单位，以现金或者支票形式提交的投标保证金应当从其基本账户转出。招标人不得挪用投标保证金。投标人不按要求提交投标保证金的，其投标文件作废标处理。

第三节 施工合同示范文本

思维导图

一、《建设工程施工合同（示范文本）》概述

二、《建设工程施工合同（示范文本）》的主要内容

高频考点

一、《建设工程施工合同（示范文本）》（以下简称《示范文本》）概述

1.《示范文本》的组成

《示范文本》由合同协议书、通用和专用合同条款三部分组成，其中包括11个附件。

2.《示范文本》的性质和适用范围

《示范文本》是**非强制性**使用文本。适用于**房屋建筑工程、土木工程、线路管道和设备安装工程、装修工程**等建设工程的施工发承包活动。

3. 合同文件的优先顺序

除专用合同条款另有约定外，解释合同文件的优先顺序如下：（**口诀：鞋中投砖头，标准图清单**）

（1）合同**协**议书　　　　谐音：鞋

（2）**中**标通知书（如果有）

（3）**投**标函及其附录（如果有）

（4）专用合同条款及其附件　　　　谐音：砖

（5）**通**用合同条款　　　　谐音：头

（6）技术**标准**和要求

（7）**图**纸

（8）已标价工程量**清单**或预算书

（9）其他合同文件。

二、《建设工程施工合同（示范文本）》的主要内容

1．词语定义与解释

（1）签约合同价	**合同协议书确定的总金额**，包括**安全文明施工费、暂估价及暂列金额**等
（2）合同价格	是指发包人用于支付承包人**按照合同约定完成承包范围内**全部工作的金额，包括合同履行过程中按**合同约定发生的价格**变化
（3）费用	包括**管理费和应分摊**的其他费用，但**不包括利润**
（4）暂估价	用于**支付必然发生**但暂时不能确定价格的**材料、工程设备的单价、专业工程以及服务**工作的金额
（5）暂列金额	用于工程合同签订**时尚未确定或者不可预见**的采购，**可能发生**的工程变更、合同价格调整及索赔、现场签证确认等的费用
（6）计日工	承包人完成发包人提出的**零星工作**或需要**采用计日工**计价的变更工作时，按合同中约定的单价计价的一种方式
（7）质量保证金	用于保证其**在缺陷责任期内履行缺陷修补义务**的担保

2．资金来源证明及支付担保

发包人在收到书面通知后28天内，提供**支付合同价款**的相应资金来源证明（专用合同条款另有约定除外）。

支付担保可以采用**银行保函或担保公司担保**等形式。

3．履约担保

继续提供履约担保所增加的费用**由承包人**（**承包人原因导致**工期延长）承担；继续提供履约担保所增加的费用**由发包人**（**非因承包人**原因导致工期延长）承担。

4．安全文明施工费

（1）由发包人承担，**不得以任何形式扣减该部分费用**；在**开工后28天内**，发包人预付安全文明施工费总额的50%，其余部分与进度款同期支付。发包人逾期支付**超过7天的**，承包人有权催告，发包人**收到催告通知后7天内**，仍未支付的，承包人**有权暂停施工**，并按合同中“发包人违约的情形”执行。

（2）承包人对安全文明施工费应**专款专用**，并在财务账目中**单独列项备查**，**不得挪作**他用，否则发包人有权责令其限期改正；逾期未改正的，可以**责令其暂停施工**，由此增加的费用和（或）延误的工期由**承包人**承担。

5．工期延误

（1）**因发包人原因导致工期延误**。

由**发包人**承担由此延误的工期和（或）增加的**费用**，并**支付承包人合理的利润**的情形：（属于发包人责任）

1）**未提供图纸**或**图纸不符合约定**的；

2）**未按约定提供开工条件的**；

3）提供的**测量基准点**、**基准线**和**水准点及其书面资料错误或疏漏**的；

4）**未在**规定时间下达开工通知的；

5）**未按约定支付工程预付款**、**进度款或竣工结算款**的；

6）监理人未按合同约定**发出指示**、**批准**等文件的。

因发包人原因未按计划开工日期开工的，发包人应按**实际开工日期顺延竣工日期**，确保**实际工期不低于合同约定的工期**总日历天数。

（2）**因承包人原因导致工期延误**。

承包人支付逾期竣工违约金后，**不免除**承包人继续完成。

6．不利物质条件

发包人承担承包人**为**不利物质条件采取合理措施而**增加的费用**和（或）延误的**工期**。

7．暂停施工

暂停施工**持续84天以上**不复工的，且**不属于承包人**原因引起的暂停施工及不可抗力约定的情形，**并影响到整个工程以及合同目的实现**的，承包人有权**提出价格调整**要求，或者**解除合同**。解除合同的，按照因发包人违约解除合同执行。暂停施工期间，承包人应负责妥善照管工程并提供安全保障，由此增加的费用**由责任方**承担。

8．提前竣工

承包人**认为提前竣工指示无法执行的**，应向监理人和发包人**提出书面异议**，发包人和监理人应在收到异议后**7天内**予以答复。任何情况下，**发包人不得压缩合理工期**。

9．材料与工程设备的保管与使用

<table>
<tr><td rowspan="2">（1）甲方供材</td><td>1）清点后，承包人妥善保管，发包人承担保管费，另有约定除外</td></tr>
<tr><td>2）使用前，承包人负责检验，检验费用由发包人承担，不合格的不得使用</td></tr>
<tr><td>（2）因承包人原因发生丢失毁损的</td><td>由承包人负责赔偿</td></tr>
<tr><td>（3）监理人未通知承包人清点的</td><td>丢失毁损的由发包人负责</td></tr>
<tr><td colspan="2">（4）承包人采购的材料和工程设备由承包人妥善保管，保管费用由承包人承担</td></tr>
<tr><td>（5）使用前必须进行检验或试验的</td><td>检验或试验费用由承包人承担，不合格的不得使用</td></tr>
<tr><td colspan="2">（6）发现承包人使用不符合设计或有关标准要求的材料和工程设备时，有权要求承包人进行修复、拆除或重新采购，由此增加的费用和（或）延误的工期，由承包人承担</td></tr>
</table>

10．变更

（1）变更程序	**变更**应通过监理人发出，变更指示应**说明计划变更的工程范围和变更的内容**	
	监理人提出变更建议的，需**向发包人书面**提出变更计划，承包人收到监理人下达的变更指示后，**认为不能执行**，应立即**提出不能执行该变更指示**的理由	
	承包人认为可以执行变更的，应当**书面说明实施该变更指示对合同价格和工期的影响**，且合同当事人应当按照合同约定**确定变更估价**	
（2）变更估价的原则	变更估价按照本款约定处理：	1）**有相同项目的，按照相同项目单价**认定； 2）**无相同项目，但有类似项目的，参照类似项目的单价**认定； 3）变更幅度**超过15%的**，或**无相同项目及类似项目单价的**，按照**成本与利润**构成的原则，由合同当事人**按照合同约定的商定**

11．价格调整

（1）**市场价格波动引起的调整**

第1种方式：采用价格指数进行价格调整。

1）**价格调整公式**

按以下公式计算差额并调整合同价款：

$$\Delta P=P_0\left[A+\left(B_1\frac{F_{t1}}{F_{01}}+B_2\frac{F_{t2}}{F_{02}}+B_3\frac{F_{t3}}{F_{03}}+\cdots+B_n\frac{F_{tn}}{F_{0n}}\right)-1\right]$$

式中 ΔP——需调整的价格差额。

P_0——约定的付款证书中，承包人应得到的已完成工程量的金额；此项金额应不包括价格调整、不计质量保证金的扣留和支付、预付款的支付和扣回；变更及其他金额已按现行价格计价的，也不计在内。

A——定值权重（即不调部分的权重）。

B_1，B_2，B_3，$\cdots B_n$——各可调因子的变值权重，为各可调因子在投标函投标总报价中所占的比例；

F_{t1}，F_{t2}，F_{t3}，$\cdots F_{tn}$——各可调因子的现行价格指数，指约定的付款证书相关周期最后一天的**前42天的**各可调因子的价格指数；

F_{01}，F_{02}，F_{03}，$\cdots$，F_{0n}——各可调因子的基本价格指数，指基准日的各可调因子的价格指数。

价格指数应**首先采用**工程造价管理机构提供的价格指数，缺乏上述价格指数时，可采用工程造价管理机构提供的**价格代替**。

2）**暂时确定调整差额**	**无现行价格指数**的，合同当事人同意**暂用前次**价格指数计算。**实际价格指数有调整**的，合同当事人**进行相应调整**
3）**权重的调整**	因**变更**导致**权重不合理**时，按合同中“**商定或确定**”执行
4）**因承包人原因工期延误后的价格调整**	用计划竣工日期与实际竣工日期中**较低**的一个

第2种方式：采用造价信息进行价格调整。

1）**人工、机械**单价发生变化，按**造价管理机构**发布的调整。

2）**材料、工程设备**的**价款调整**按照发包人提供的基准价格，按以下**风险范围**规定执行。

承包人在已标价工程量清单或预算书中载明材料单价：

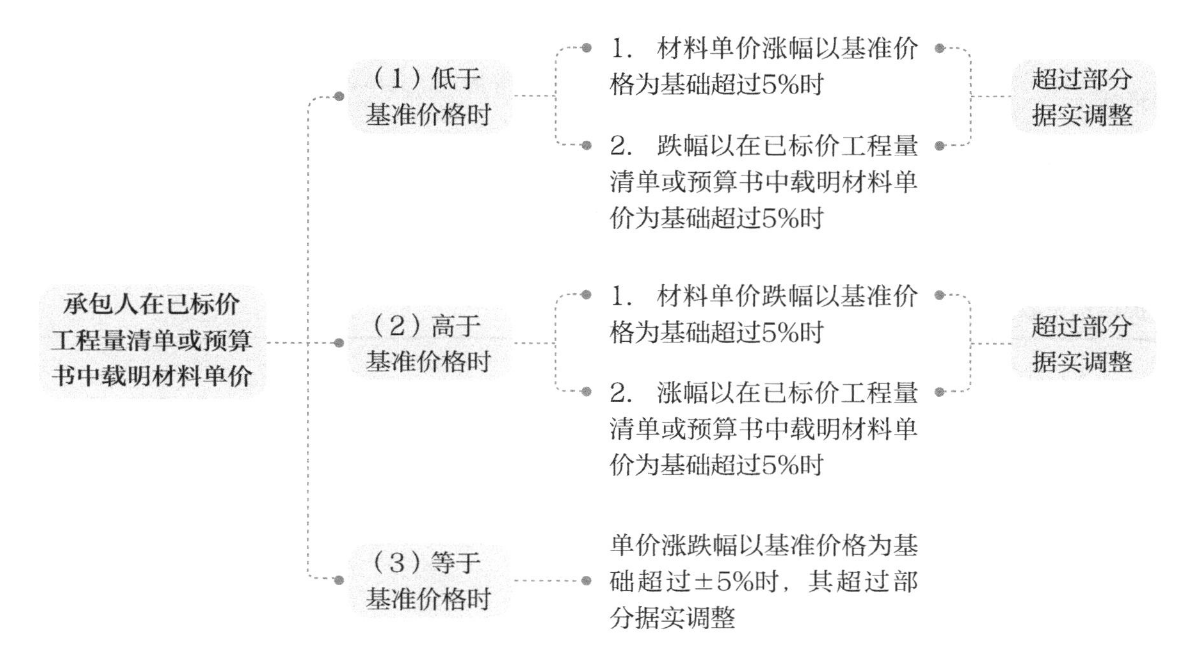

承包人在采购**前报发包人核对**，发包人确认采购材料的**数量和单价**。发包人在收到报送的确认资料后5天内**不予答复的，视为认可**，可作为调整合同价格的依据。

未经发包人事先核对，承包人自行采购材料的，发包人有权**不予调整**合同价格。发包人同意的，可以调整合同价格。

前述**基准价格是**指由发包人在招标文件或专用合同条款中**给定的**材料、工程设备的**价格**，该价格原则上应当按照省级或行业建设主管部门或其授权的**工程造价管理机构发布的信息价**编制。

第3种方式：专用合同条款约定的其他方式。

（2）法律变化引起的调整

基准日期后，除按照市场价格波动引起的调整的约定以外的增加时，由**发包人承担**由此增加的费用；**减少时**，应**从合同价格**中予以**扣减**。基准日期后，因法律变化造成**工期延误**时，工期**应予以顺延**。

因法律变化引起的合同价格和工期调整，合同当事人无法达成一致的，由**总监理工程师按商定或**确定的**约定**处理。

因**承包人原因**造成工期延误，在工期延误期间出现法律变化的，由此增加的费用和（或）延误的工期**由承包人承担**。

12. 合同价格、计量与支付

（1）合同价格形式

①**单价合同**；②**总价合同**；③**其他价格形式**。

（2）预付款

支付时间	最迟应在开工通知载明的开工日期7天前支付
形式	可采用**银行保函**、**担保公司担保**等形式，具体由合同当事人在专用合同条款中约定
发包人逾期支付	超过7天的，承包人发出要求预付的**催告**通知，发包人收到通知后7天内仍未支付的，承包人有权**暂停施工**，并按合同中"**发包人违约**的情形"执行
发包人要求承包人提供预付款担保的	承包人应在发包人支付预付款**7天前**提供预付款担保，专用合同条款另有约定除外

（3）计量

1）**计量原则**

按合同约定的**工程量计算规则**、**图纸及变更指示**等进行计量。计算规则在**专用合同条款中**约定。

2）**计量周期**

按月进行，专用合同条款另有约定除外。

3）**单价合同的计量**

单价合同的计量按照本项约定执行：

①承包人应于**每月25日**向监理人报送**上月20日至当月19日**已完成的工程量报告，并附具进度付款申请单、已完成工程量报表和有关资料。

②监理人应在收到承包人提交的工程量报告后**7天内**完成对承包人提交的工程量报表的审核并报送发包人，以**确定当月实际完成的工程量**。监理人对工程量有异议的，**有权要求承包人进行共同复核**或抽样复测。承包人应协助监理人进行复核或抽样复测，并按监理人要求提供补充计量资料。承包人**未按监理人要求参加复核**或抽样复测的，监理人复核或修正的工程量**视为承包人实际完成的**工程量。

③监理人**未在**收到承包人提交的工程量报表后的7天内完成审核的，承包人报送的工程量报告中的工程量**视为**承包人**实际完成的工程量**，据此计算工程价款。

4）**总价合同的计量**

除**专用合同条款**另有约定外，工程量的计量**按月**进行（**计量程序同单价合同**）。

总价合同采用**支付分解表计量支付**的，可以按照合同中“总价合同的计量”约定进行计量，但**合同价款**按照**支付分解表**进行支付。

5）**其他价格形式合同的计量**

合同当事人可在专用合同条款中约定其他价格形式合同的计量方式和程序。

（4）工程进度款支付

1）付款周期。

除专用合同条款另有约定外，**付款周期**应按照合同中“计量周期”的约定**与计量周期**保持**一致**。

2）进度付款申请单的编制。

3）进度款审核和支付。

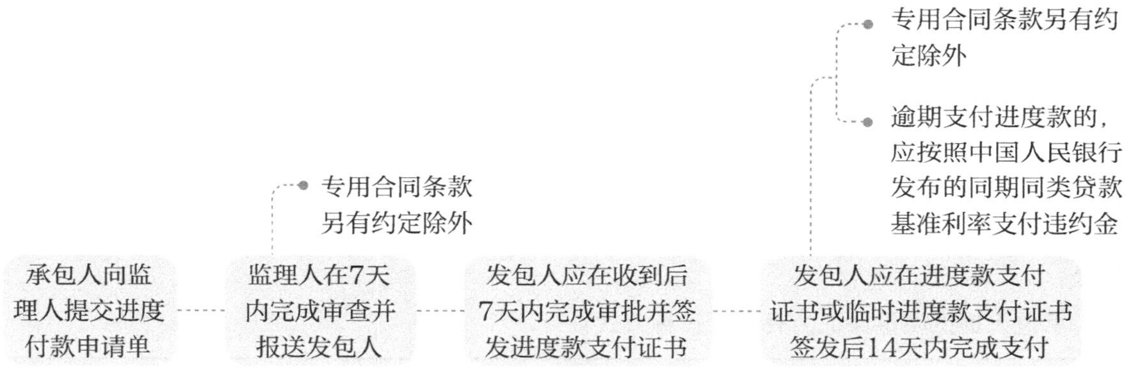

承包人向监理人提交进度付款申请单 → 监理人在7天内完成审查并报送发包人（专用合同条款另有约定除外） → 发包人应在收到后7天内完成审批并签发进度款支付证书 → 发包人应在进度款支付证书或临时进度款支付证书签发后14天内完成支付（专用合同条款另有约定除外；逾期支付进度款的，应按照中国人民银行发布的同期同类贷款基准利率支付违约金）

13．竣工结算

（1）竣工结算申请

时间：工程竣工验收合格后28天内。

除专用合同条款另有约定外，竣工结算申请单应包括以下内容：

1）竣工**结算合同价格**	2）发包人**已支付**承包人**的款项**
3）**应扣留的质量保证金**。已缴纳履约保证金的或提供其他工程质量担保方式的除外	
4）发包人应**支付承包人的合同价款**	

（2）竣工结算审核

发包人在收到承包人提交竣工结算申请书后28天内**未完成审批且未提出异议**的，**视为认可**，并自收到承包人的竣工结算申请单后**第29天起**视为已签发竣工付款证书。

发包人在签发竣工付款证书后的**14天内**，**完成竣工付款**。**逾期支付的**，按中国人民银行发布的同期同类贷款基准利率**支付违约金**；逾期支付**超过56天**的，按基准利率的**两倍支付违约金**。

承包人对**竣工付款证书**有异议的，应在收到发包人签认的竣工付款证书后7天内提出异议，并由合同当事人按照专用合同条款约定的方式和程序进行复核，或按照合同中“争议解决”约定处理。

14. 缺陷责任与保修

（1）缺陷责任期

缺陷责任期从工程**通过竣工验收之日**起计算，该期限最长**不超过24个月**	
发包人原因导致工程无法按约定期限竣工验收的	在承包人提交竣工验收报告90天后，工程**自动进入**缺陷责任期
单位工程先于全部工程进行验收，经验收合格并交付使用的	该单位工程缺陷责任期自**单位工程验收合格之日起**算
承包人原因导致工程无法按约定期限竣工验收的	缺陷责任期从**实际通过竣工验收之日**起计算
发包人**未经竣工验收擅自使用**工程的	缺陷责任期自工程**转移占有之日**起开始计算

发包人有权延长缺陷责任期，应在届**满前**发出延长通知。但**最长不能超过24个月**。

他人原因造成的缺陷，**承包人不承担费用，**且发包人**不得从保证金中扣除**费用。

（2）质量保证金

在工程项目竣工前，承包人**已经提供履约担保**的，发包人**不得同时预留工程质量保证金**。

承包人提供质量保证金有以下三种方式：

①质量保证金保函	②相应比例的工程款	③双方约定的其他方式
除专用合同条款另有约定外，质量保证金原则上采用上述第①**种**方式		

扣留的三种方式：

①在支付工程进度款时**逐次扣留**	计算基数**不包括预付款的支付、扣回以及价格调整的金额**
②工程竣工结算时**一次性扣留**质量保证金	
③双方约定的**其他**扣留方式	

除专用合同条款另有约定外，质量保证金的扣留原则上采用上述**第①种**方式。

发包人累计扣留的质量保证金≤3%工程价款结算总额的。

如承包人在发包人签发竣工付款证书后**28天**内提交质量保证金保函，发包人应**同时退还**扣留的**作为质量保证金的工程价款**；保函金额小于等于工程价款结算总额的3%。发包人在**退还质量保证金的同时**按照中国人民银行发布的同期同类贷款基准利率**支付利息**。

15. 不可抗力

不可抗力导致的人员伤亡、财产损失、费用增加和（或）工期延误等后果，由合同当事人按以下原则承担：

（1）**永久工程、已运至施工现场的材料和工程设备的损坏，以及因工程损坏造成的第三人人员伤亡和财产损失由发包人**承担；

（2）**承包人施工设备的损坏**由**承包人**承担；

（3）发包人和承包人**承担各自人员伤亡和财产的损失**；

（4）因不可抗力影响承包人履行合同约定的义务，**已经引起或将引起工期延误**的，应当**顺延**工期，由此导致承包人停工的费用损失由发包人和承包人**合理分担**，停工期间必须支付的工人工资由**发包人**承担；

（5）因不可抗力引起或将引起工期延误，发包人要求赶工的，由此增加的**赶工费用由发包人**承担；

（6）承包人在停工期间按照发包人要求照管、**清理和修复工程的费用**由**发包人**承担。

因不可抗力导致合同无法履行连续超过84**天或累计超过**140**天**的，发包人和承包人均有权解除合同。

16. 索赔

（1）承包人的索赔及对承包人索赔的处理

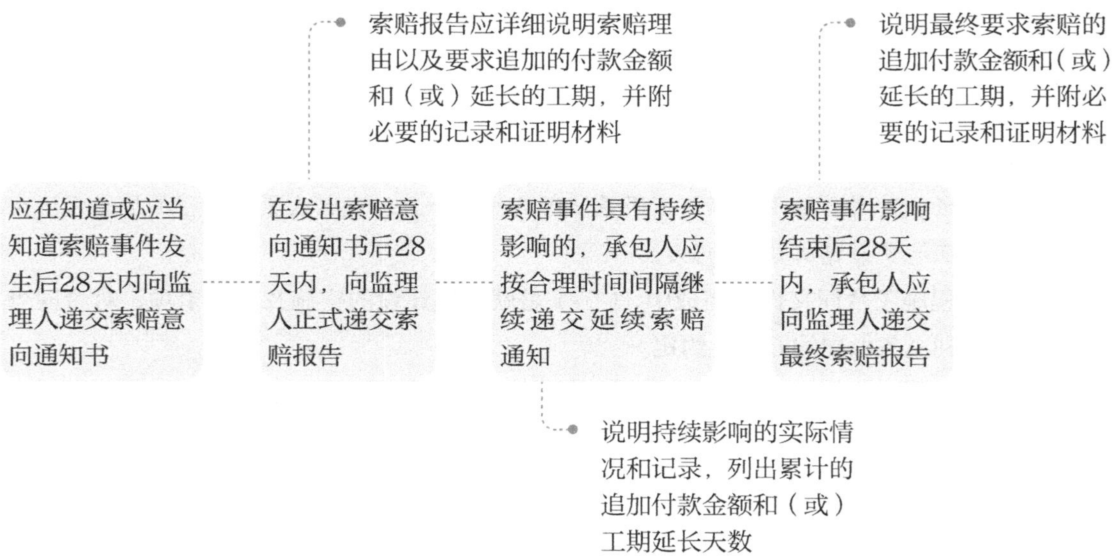

应在知道或应当知道索赔事件发生后28天内向监理人递交索赔意向通知书

在发出索赔意向通知书后28天内，向监理人正式递交索赔报告

索赔报告应详细说明索赔理由以及要求追加的付款金额和（或）延长的工期，并附必要的记录和证明材料

索赔事件具有持续影响的，承包人应按合理时间间隔继续递交延续索赔通知

说明持续影响的实际情况和记录，列出累计的追加付款金额和（或）工期延长天数

索赔事件影响结束后28天内，承包人应向监理人递交最终索赔报告

说明最终要求索赔的追加付款金额和（或）延长的工期，并附必要的记录和证明材料

承包人向发包人提出索赔程序：

对承包人索赔的处理如下：

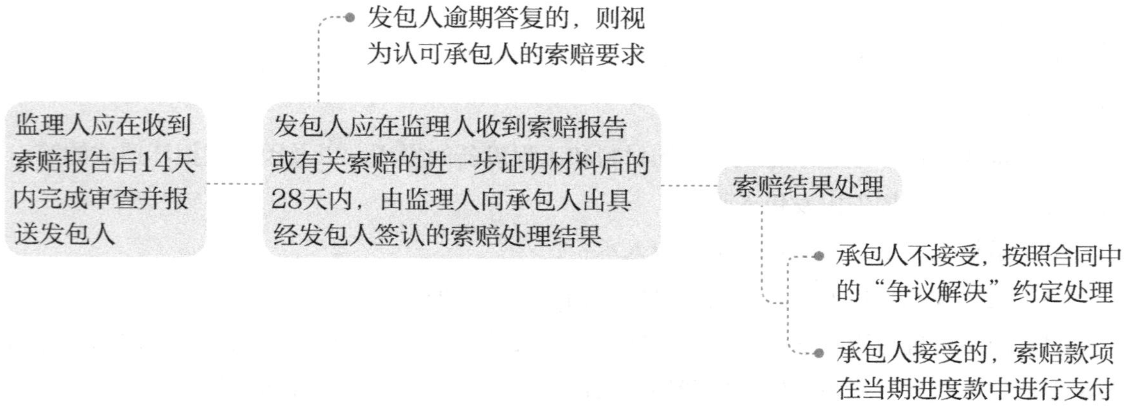

发包人逾期答复的，则视为认可承包人的索赔要求

监理人应在收到索赔报告后14天内完成审查并报送发包人

发包人应在监理人收到索赔报告或有关索赔的进一步证明材料后的28天内，由监理人向承包人出具经发包人签认的索赔处理结果

索赔结果处理

承包人不接受，按照合同中的“争议解决”约定处理

承包人接受的，索赔款项在当期进度款中进行支付

（2）发包人的索赔及对发包人索赔的处理（时间28天内）

强化练习

1 根据我国《建设工程质量保证金管理暂行办法》有关规定，下列表述中错误的是（　　）。

A．缺陷责任期从工程通过竣（交）工验收之日起计算

B．由于发包人原因导致工程无法按规定期限进行竣（交）工验收的，在承包人提交竣（交）工验收报告90天后，工程自动进入保修期

C．全部或部分使用政府投资的建设项目保证金按工程价款结算总额的3%预留

D．缺陷责任期内，承包人维修并承担相应费用后，不免除对工程的一般损失赔偿责任

【答案】C

【解析】缺陷责任期从工程通过竣工验收之日起计算，合同当事人应在专用合同条款约定缺陷责任期的具体期限，但该期限最长不超过24个月。发包人累计扣留的质量保证金不得超过工程价款结算总额的3%。

2 在建设工程施工合同文件的组成中，（　　）是就工程建设的实施及相关事项，对合同当事人的权利义务做出的原则性约定。

A．专用条款　　B．通用条款　　C．协议书　　D．附件

【答案】B

【解析】通用合同条款是合同当事人根据《建筑法》《合同法》等法律法规的规定，就工程建设的实施及相关事项，对合同当事人的权利义务做出的原则性约定。通用合同条款共计20条，具体条款分别为：一般约定、发包人、承包人、监理人、工程质量、安全文明施工与环境保护、工期和进度、材料与设备、试验与检验、变更、价格调整、合同价格、计量与支付、验收和工程试车、竣工结算、缺陷责任与保修、违约、不可抗力、保险、索赔和争议解决。

3 根据《建设工程价款结算暂行办法》，在具备施工条件的前提下，发包人支付预付款的

期限应是（　　）

A. 不迟于约定的开工日期前的7天内　　B. 不迟于约定的开工日期后的7天内

C. 不迟于约定的开工日期前的14天内　　D. 不迟于约定的开工日期后的14天内

【答案】A

【解析】预付款的支付按照专用合同条款约定执行，但至迟应在开工通知载明的开工日期7天前支付。预付款应当用于材料、工程设备、施工设备的采购及修建临时工程、组织施工队伍进场等。

4 《建设工程施工合同（示范文本）》合同文件执行的优先顺序是（　　）。

A. 合同协议书→合同通用条款→合同专用条款→技术标准和要求→已标价工程量清单或预算书

B. 合同协议书→合同专用条款→合同通用条款→技术标准和要求→已标价工程量清单或预算书

C. 技术标准和要求→合同协议书→合同专用条款→合同通用条款→已标价工程量清单或预算书

D. 技术标准和要求→合同协议书→已标价工程量清单或预算书→合同通用条款→合同专用条款

【答案】B

【解析】通用合同条款规定，组成合同的各项文件应互相解释，互为说明。除专用合同条款另有约定外，解释合同文件的优先顺序如下：

①合同协议书；②中标通知书（如果有）；③投标函及投标函附录（如果有）；④专用合同条款及其附件；⑤通用合同条款；⑥技术标准和要求；⑦图纸；⑧已标价工程量清单或预算书；⑨其他合同文件。

5 承包人应在知道或应当知道索赔事件发生后（　　）天内，向监理人递交索赔意向通知书。

A. 7　　B. 14　　C. 21　　D. 28

【答案】D

【解析】承包人应在知道或应当知道索赔事件发生后28天内，向监理人递交索赔意向通知书，并说明发生索赔事件的事由；承包人未在前述28天内发出索赔意向通知书的，丧失要求追加付款和（或）延长工期的权利。

6 在具备施工条件的前提下，发包人应在双方签订合同后一个月内或不迟于约定开工日期前（　　）天内预付工程备料款。

A. 10　　B. 7　　C. 15　　D. 20

【答案】B

【解析】工程价款结算是指承包商在工程施工过程中，依据承包合同中关于付款的规定和已经完成的工程量，以预付备料款和工程进度款的形式，按照规定的程序向业主收取工程价款的一项经济活动。价款结算办法规定：在具备施工条件的前提下，业主应在双方签订合同后的一个月内或不迟于约定的开工日期前的7天内预付工程款。

7 缺陷责任期的开始计算日期为（　）。

A．工程完工之日　　B．提交竣工验收申请之日

C．通过竣工验收之日　　D．通过竣工验收后30天

【答案】C

【解析】缺陷责任期从工程通过竣工验收之日起计算，合同当事人应在专用合同条款约定缺陷责任期的具体期限，但该期限最长不超过24个月。

8 关于建设项目竣工结清阶段承包人索赔的权利和期限，下列说法中正确的是（　）。

A．承包人接受竣工结算支付证书后再无权提出任何索赔

B．承包人只能提出工程接收证书颁发前的索赔

C．承包人提出索赔的期限自缺陷责任期满时终止

D．承包人提出索赔的期限自接受最终支付证书时终止

【答案】D

【解析】本题考查的是《示范文本》。承包人提出索赔的期限自接受最终支付证书时终止。

9 承包人的预付款保函的担保金额根据预付款扣回的数额（　）。

A．相应减少　　B．相应递增　　C．逐渐失效　　D．保持不变

【答案】A

【解析】发包人在工程款中逐期扣回预付款后，预付款担保额度应相应减少，但剩余的预付款担保金额不得低于未被扣回的预付款金额。

10 下列关于预付款担保的说法中，正确的是（　）。

A．预付款担保应在施工合同签订后、预付款支付前提供

B．预付款担保必须采用银行保函的形式

C．承包人中途毁约，中止工程，发包人有权从预付款担保金额中获得预付款补偿

D．发包人应在预付款扣完后将预付款保函退还承包人

E．在预付款全部扣回之前，预付款保函应始终保持有效，且担保金额应与预付款金额一致

【答案】ACDE

【解析】选项B错误，预付款担保可采用银行保函、担保公司担保等形式，具体由合同当事人在专用合同条款中约定。

第四节　工程量清单编制

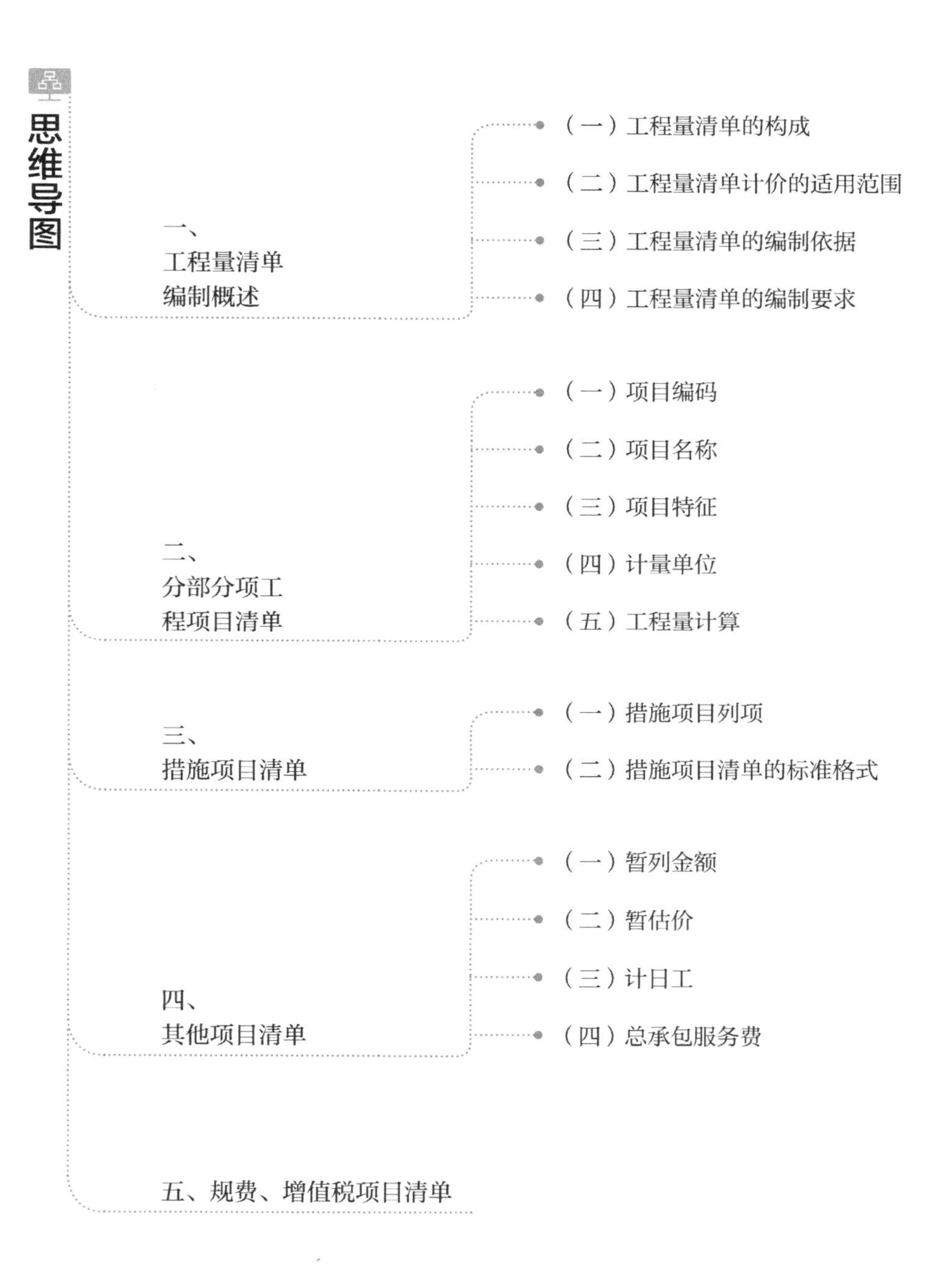

高频考点

一、工程量清单编制概述

招标工程量清单是编制工程**最高投标限价**、**投标报价**、**计算或调整工程量**、**索赔**等的依据。

（一）工程量清单的构成

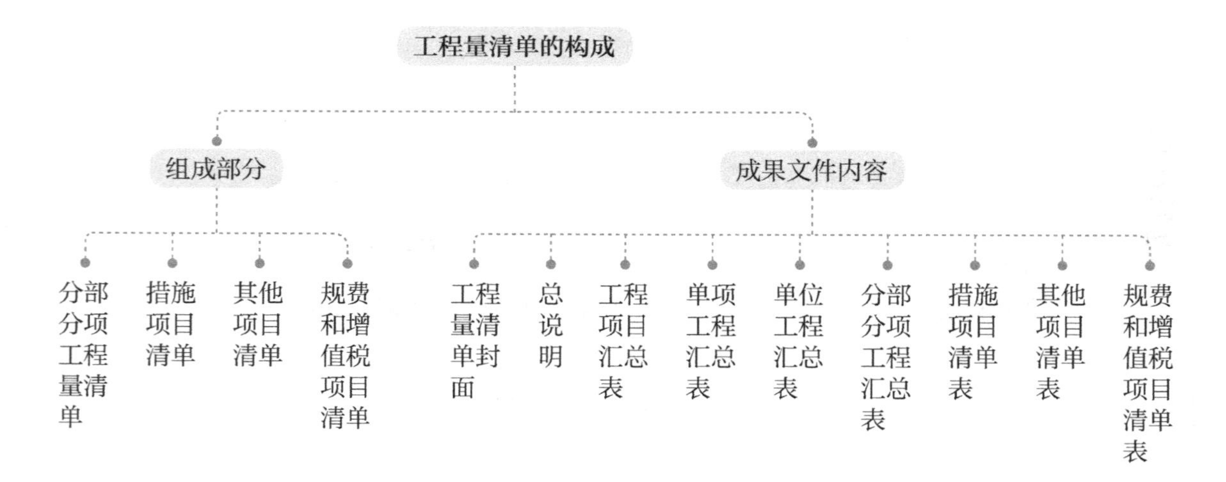

（二）工程量清单计价的适用范围

适用于**发承包及其实施阶段**的计价活动。**国有资金投资的**工程，**必须用**工程量清单计价。

国有资金投资的项目包括**全部使用**或**国有资金投资为主**（指国有资金占投资总额**50%以上**，或虽**不足**50%但国有投资者实质上拥有控股权的工程建设项目）。

非国有资金投资的项目，**宜采用**工程量清单计价。

（三）工程量清单的编制依据（略）

（四）工程量清单的编制要求

（1）由招标人**负责编制**，可自行编制也**可委托编制**。

（2）工程量清单**是招标文件的重要组成部分，招标人对其准确性和完整性**负责。

（3）招标人编制时**项目编码、项目名称、计量单位、工程量计算规则**以及**基本格式必须统一**。

（4）投标人**只允许有一个报价**。未填写单价和合价的项目，视为已包含在已标价工程量清单中其他项目的单价和合价之中。当竣工结算时，此项目**不得重新组价予以调整**。

二、分部分项工程项目清单

（一）项目编码

项目编码由**五级十二位**表示。一、二、三、四级编码为全国统一，按计算规范附录的规定设置；第五级应根据拟建工程的**工程量清单项目名称**设置，**不得有重码**。

工程量清单中是以**单位工程**为编制对象时，项目编码**十至十二位的设置不得有重码的规定**。

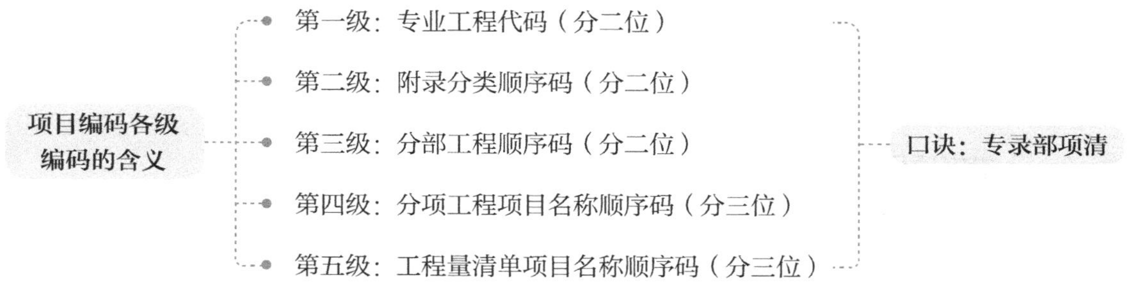

项目编码各级编码的含义

- 第一级：专业工程代码（分二位）
- 第二级：附录分类顺序码（分二位）
- 第三级：分部工程顺序码（分二位）
- 第四级：分项工程项目名称顺序码（分三位）
- 第五级：工程量清单项目名称顺序码（分三位）

口诀：专录部项清

（二）项目名称

编制补充项目时应注意以下三个方面：

（1）补充项目的编码由专业工程计算规范的代码前二位（第一级）与B和三位阿拉伯数字组成，并**应从B001起**顺序开始编制。例如房屋建筑与装饰工程如需补充项目，则补充项目编码应从01B001开始。

（2）在工程量清单中应附补充项目的**项目名称、项目特征、计量单位、工程量计算规则和工作内容**。

（3）将编制的补充项目**报省级或行业工程造价管理机构备案**。

（三）项目特征

项目特征是构成**分部分项工程项目、措施项目自身价值**的本质特征。

（四）计量单位

除各专业另有特殊规定外，应采用基本单位：

（1）以**重量**计算的项目单位：**吨或千克**（t或kg）	（2）以**体积**计算的项目单位：**立方米**（m^3）
（3）以**面积**计算的项目单位：**平方米**（m^2）	（4）以**长度**计算的项目单位：**米**（m）
（5）以**自然计量单位**计算的项目一个、**套、块、樘、组、台**	（6）**没有具体数量**的项目单位：**宗、项**

在一个建设项目（或标段、合同段）中，有多个单位工程的相同项目**计量单位必须保持一致**。

计量单位的**有效位数应遵守下列规定**：

（1）以"t"为单位，**应保留三位小数**，第**四位小数四舍五入**。

（2）以"m^3""m^2""m""kg"为单位，应保留**两位**小数，第三位**小数四舍五入**。

（3）以"个""件""组""系统"等为单位，应取**整数**。

（五）工程量计算

所有清单项目的工程量**应以实体工程量**完成后的**净值**计算，除另有说明外；投标人投标报价时，应在单价中考虑施工中的**各种损耗和需要增加的工程量**。

三、措施项目清单

（一）措施项目列项

措施项目清单应根据相关工程现行国家计算规范的规定编制，并应根据拟建工程的实际情况列项。**脚手架工程、混凝土模板及支架（撑）、垂直运输、超高施工增加、大型机械设备进出场及安拆、施工排水、施工降水、安全文明施工及其他措施项目**。**（口诀：脚、模、垂、超，大机、排、水、文明）**

（二）措施项目清单的标准格式

类别	1．**可计算工程量**的宜采用**分部分项工程项目清单**的方式编制； 2．**不能计算工程量**的，以“**项**”为计量单位进行编制

四、其他项目清单

其他项目清单包括**暂列金额**，**暂估价**（**包括材料暂估单价、工程设备暂估单价、专业工程暂估价**），**计日工**，**总承包服务费**。

（一）暂列金额	工程量清单中**暂定并包括**在合同价款中。 用于工程合同签订时**尚未确定或者不可预见**的采购，可能发生的工程变更、合同价款调整以及发生的索赔、现场签证确认等的费用	
（二）暂估价	用于支付**必然发生但暂时不能确定**价格的事情，包括**材料暂估单价**、**工程设备暂估单价**和**专业工程暂估价**	
（三）计日工	承包人完成发包人提出的工程**合同范围以外的零星项**目或工作，按合同中约定的单价计价的一种方式	**项目名称、暂定数量由招标人**填写，单价由**投标人投标时**自主报价，按暂定数量计算合价计入投标总价中。结算时，按**发承包双方确认的实际数量**计算合价
（四）总承包服务费	指总承包人为配合协调发包人进行的专业工程发包，对发包人自行采购的材料、工程设备等进行保管以及施工现场管理、竣工资料汇总整理等服务所需的费用	（1）总承包服务费的用途包括三部分：一是当**招标人**在法律法规允许的范围内**对专业工程进行发包，要求总承包人协调服务**；二是**发包人自行采购**供应部分材料、工程设备时，要求**总承包人提供保管**等相关服务；三是**总承包人对施工现场进行协调和统一**管理、对竣工资料进行**统一汇总整理**等所需的费用。 （2）编制最高投标限价时，总承包服务费应按照**省级或行业建设主管部门**的规定计算。 （3）编制投标报价时，总承包服务费应根据招标工程量清单中列出的内容和提出的要求，由**投标人**自主确定

五、规费、增值税项目清单

规费项目清单指（五险一金）

规费和增值税不得作为竞争性费用。必须按国家或省级、行业建设主管部门的规定计算。

强化练习

1 关于规费的计算，下列说法正确的是（　　）。

A. 规费具有强制性，根据其组成又可细分为可竞争性的费用和不可竞争性的费用

B. 规费由社会保险费和工程排污费组成

C. 社会保险费包括养老保险费、失业保险费、医疗保险费、生育保险费、工伤保险费

D. 规费由意外伤害保险费、住房公积金、工程排污费组成

【答案】C

【解析】规费项目清单应按照下列内容列项：社会保险费，包括养老保险费、失业保险费、医疗保险费、工伤保险费、生育保险费，住房公积金。出现计价规范中未列的项目，应根据省级政府或省级有关权力部门的规定列项。规费和增值税必须按国家或省级、行业建设主管部门的规定计算，不得作为竞争性费用。

2 在分部（分项）工程项目清单中，表示专业工程分类编码的是（　　）。

A. 第一级编码　　B. 第二级编码

C. 第三级编码　　D. 第四级编码

【答案】A

【解析】分部分项工程量清单项目编码以五级编码设置，用十二位阿拉伯数字表示。二、三、四级编码为全国统一，即一至九位按计算规范附录的规定设置第五级，即十至十二位应根据拟建工程的工程量清单项目名称设置，不得有重码，这三位清单项目编码由招标人针对招标工程项目具体编制，并应自001其顺序编制。各级编码代表的含义如下：

（1）第一级表示专业工程代码（分二位）。

（2）第二级表示附录分类顺序码（分二位）。

（3）第三级表示分部工程顺序码（分二位）。

（4）第四级表示分项工程项目名称顺序码（分三位）。

（5）第五级表示工程量清单项目名称顺序码（分三位）。

3 工程量清单是招标文件的组成部分，工程量清单的组成不包括（　　）。

A. 分部分项工程工程量清单　　B. 措施项目清单

C. 其他项目清单　　D. 直接工程费用清单

【答案】D

【解析】工程量清单作为招标文件的组成部分，主要由分部分项工程量清单、措施项目清单、其他项目清单、规费和增值税项目清单组成。

4 项目编码是分部（分项）工程量清单项目名称的数字标识，应采用（　）位阿拉伯数字表示。

A．13　　B．12

C．11　　D．10

【答案】B

【解析】项目编码是分部分项工程项目和措施项目清单名称的阿拉伯数字标识。分部分项工程量清单项目编码以五级编码设置，用十二位阿拉伯数字表示。

5《建设工程工程量清单计价规范》规定，分部分项工程量清单项目编码的第三级为表示（　）的顺序码。

A．分项工程　　B．扩大分项工程

C．分部工程　　D．专业工程

【答案】C

【解析】本题考查的是工程量清单编制。第三级为分部工程顺序码，01表示砖砌体。

6 招标人在工程量清单中提供的用于支付必然发生但暂不能确定价格的材料、工程设备的单价及专业工程的金额是（　）。

A．暂列金额　　B．暂估价

C．总承包服务费　　D．价差预备费

【答案】B

【解析】本题考查的是工程量清单编制。暂估价是指招标人在工程量清单中提供的用于支付必然发生但暂时不能确定价格的材料、工程设备以及专业工程的金额，包括材料暂估单价、工程设备暂估单价、专业工程暂估价。

7 根据《建设工程工程量清单计价规范》GB 50500—2013，一般不作为安全文明施工费计算基础的是（　）。

A．定额人工费

B．定额人工费+定额材料费

C．定额人工费+定额施工机具使用费

D．定额人工费+定额材料费+定额施工机具使用费

【答案】B

【解析】本题考查的是工程量清单编制。“计算基础”中安全文明施工费可为“定额基价”“定额人工费”或“定额人工费+定额施工机具使用费”，其他项目可为“定额人工费”或“定额人工费+定额施工机具使用费”。

8 **直接影响其他项目编制内容的有（　　）。**

A. 工程建设地点的选择　　B. 工程的复杂程度

C. 工程的工期长短　　D. 工程的组成内容

E. 发包人对工程管理要求

【答案】BCDE

【解析】其他项目清单是指分部分项工程量清单、措施项目清单所包含的内容以外，因招标人的特殊要求而发生的与拟建工程有关的其他费用项目和相应数量的清单。工程建设标准的高低、工程的复杂程度、施工工期的长短、工程的组成内容、发包人对工程管理要求等都直接影响其他项目清单的具体内容。

9 **属于建筑安装工程中措施费的是（　　）。**

A. 施工排水、降水费　　B. 环境保护费

C. 脚手架费　　D. 施工机械使用费

E. 二次搬运费

【答案】ABCE

【解析】措施项目费用的发生与使用时间、施工方法或者两个以上的工序相关，如安全文明施工费，夜间施工，非夜间施工照明，二次搬运，冬雨期施工，地上、地下设施和建筑物的临时保护设施，已完工程及设备保护等。

10 **根据《建设工程工程量清单计价规范》GB 50500—2013，关于分部分项工程量清单的编制，下列说法正确的有（　　）。**

A. 以重量计算的项目，其计算单位应为吨或千克

B. 以吨为计量单位时，其计算结果应保留三位小数

C. 以立方米为计量单位时，其计算结果应保留三位小数

D. 以千克为计量单位时，其计算结果应保留一位小数

E. 以“个”“组”为单位的，应取整数

【答案】ABE

【解析】本题考查的是工程量清单编制。选项C、D错误，以m^3、m^2、m、kg为计量单位时，其计算结果应保留两位小数。

第五节 最高投标限价的编制

高频考点

一、最高投标限价概述

1. 概念	是招标人可接受的**上限价格**。不同于标底 招标人**不得**以投标报价超过标底上下浮动范围作为否决投标的条件，最高投标限价则需要在发布招标文件时公布。投标人**报价超过最高投标限价时将被否决**。标底需要保密
2. 作用	（1）**提高透明度**，避免暗箱操作。 （2）公开公平竞争，有利于引导投标人进行**理性竞争**，**符合市场规律**
3. 应该注意的问题	（1）“最高限价”**大大高于**市场平均价时，可能诱导投标人串标、围标。 （2）若最高限价**远远低于**市场平均价，就会**影响招标效率**。 （3）最高投标限价编制是一项较为系统的工程活动，编制人员需具备相关造价知识及对工程的实际作业有全面的了解

二、最高投标限价的编制规定

（1）**国有资金**项目应**实行工程量清单招标，招标人编制最高投标限价**，高于最高投标限价的投标报价应**拒绝**。

（2）依据**工程量清单、工程计价有关规定和市场价格信息**等编制。

（3）由具有**编制能力的招标人或委托具有相应资质的工程造价咨询人**编制。

（4）**最高投标限价应在招标文件中**公布，**不得**按照招标人的主观意志人为的**上浮或下调**。

（5）**招标人**将最高投标限价及有关资料**报工程所在地工程造价管理机构备查**。

（6）认为招标人公布的最高投标限价**未按**规定编制的，应在最高投标限价公布后**5天内**投诉。

（7）投诉机构：**招标投标监督机构**或**工程造价管理机构**

三、最高投标限价的编制内容

内容包括**分部分项工程费、措施项目费、其他项目费、规费和增值税**，各个部分有不同的计价要求。

1．分部分项工程费的编制要求

（1）按规定确定**综合单价**计价。

（2）**工程量**依据**分部分项工程量**清单确定。

（3）**招标文件有**提供暂估单价的材料，应按**暂估单价**计入综合单价。

（4）**综合单价中应包括**招标文件中要求投标人所承担的**风险内容及其范围（幅度）产生的风险费用，文件没有明确的，应提请招标人明确**。

2．措施项目费的编制要求

（1）安全文明施工费**不得作为竞争性费用**。

（2）对于竞争性措施项目费的确定，招标人应依据工程特点，结合施工条件和施工方案，考虑其经济性、实用性、先进性、合理性和高效性。

（3）**措施项目分为以“量”计算和以“项”计算两种**。

①**可精确计量**的，以“量”计算，按工程量与分部分项工程量清单单价相同的方式确定综合单价。

②**不可精确计量**的，以“项”为单位，采用费率法时需确定某项**费用的计费基数**及其费率，结果包括除规费、增值税以外的全部费用。

计算公式为：以“项”计算的措施项目清单费=措施项目计费基数×费率

3．其他项目费的编制要求

总承包服务费。针对一般情况，可参考的常用标准如下：

（1）招标人**仅要求对分包的专业工程**进行总承包管理和协调时，按分包的专业工程估算造价的1.5%计算。

（2）招标人**要求对分包的专业工程进行总承包管理和协调，并同时要求提供配合服务时**，根据招标文件中列出的配合服务内容和提出的要求，按分包的专业工程估算造价的3%～5%计算。

（3）招标人**自行供应材料、工程设备的**，按招标人供应材料、工程设备价值的1%计算。

4．规费和增值税的编制要求

规费和增值税**不得作为竞争性费用**。

四、最高投标限价的确定

1．最高投标限价计价程序

建设工程的最高投标限价反映的是单位工程费用，各单位工程费用是由**分部分项工程费**、**措施项目费**、**其他项目费**、**规费和增值税**组成。

2．综合单价的确定

对于招标文件中未做要求或要求不清晰的可按以下原则确定：

（1）对于**技术难度较大、施工工艺复杂和管理复杂的项目，可考虑一定的风险**费用，或**适当调高风险预期和费用，并纳入综合单价**中。

（2）对于工程设备、材料价格因市场价格波动造成的市场风险，应**依据招标文件的规定**，工程所在地或行业工程**造价管理机构的有关规定**，以及市场价格趋势，**收集**工程所在地近一段时间以来的价格**信息，对比分析找出其波动规律**，适当**考虑一定波动风险率**值后的风险费用，**纳入综合单价**中。

（3）**增值税、规费等法律、法规、规章和政策变化的风险和人工单价等风险费用**。

强化练习

1 投标人经复核认为招标人公布的招标控制价未按照规定进行编制的，应在招标控制价公布后（　）天向招标投标监督机构或工程造价管理机构投诉。

A．5　　B．10　　C．15　　D．20

【答案】A

【解析】投标人经复核认为招标人公布的最高投标限价未按照《建设工程工程量清单计价规范》GB 50500—2013的规定进行编制的，应在最高投标限价公布后5天内向招标投标监督机构或工程造价管理机构投诉。

2 关于招标控制价的相关规定，下列说法中正确的是（　）。

A．国有资金投资的工程建设项目，应编制招标控制价

B．招标控制价应在招标文件中公布，仅需公布总价

C．招标控制价超过批准概算3%以内时，招标人不必将其报原概算审批部门审核

D．当招标控制价复查结论超过原公布的招标控制价3%以内时，应责成招标人改正

【答案】A

【解析】本题考查的是最高投标限价的编制。招标控制价应在招标文件中公布，需公布总价以外，还要公布各单位工程的分部分项工程费、措施项目费、其他项目费、规费以及增值税。招标控制价只要超过批准概算，招标人应将其报原概算审批部门审核。当招标控制价复查结论超过原公布的招标控制价3%以外时，应责成招标人改正。

3 招标人要求总承包人对专业工程进行统一管理和协调的，总承包人可计取总承包服务费，其取费基数为（　）。

A．专业工程估算造价　　B．投标报价总额

C．分部分项工程费用　　D．分部分项工程费与措施费之和

【答案】A

【解析】本题考查的是最高投标限价的编制。招标人要求总承包人对专业工程进行统一管理和协调的，总承包人可计取总承包服务费，其取费基数为专业工程估算造价。

4 招标控制价编制的依据包括（　）。

A．工程造价信息没有发布的参照市场价

B．建设工程设计文件及相关资料

C．《建设项目投资估算编审规程》

D．国家或省级、国务院有关部门建设主管部门颁发的计价定额和计价办法

E．与建设项目相关的标准、规范、技术资料

【答案】ABDE

【解析】最高投标限价的编制依据是指在编制最高投标限价时需要进行工程量计量、价格确认、工程计价的有关参数、率值的确定等工作时所需的基础性资料，主要包括：

（1）现行国家标准《建设工程工程量清单计价规范》GB 50500—2013与各专业工程工程量计算规范。

（2）国家或省级、行业建设主管部门颁发的计价定额和计价办法。

（3）建设工程设计文件及相关资料。

（4）拟定的招标文件及招标工程量清单。

（5）与建设项目相关的标准、规范、技术资料。

（6）施工现场情况、工程特点及常规施工方案。

（7）工程造价管理机构发布的人工、材料、设备及机械单价等工程造价信息；工程造价信息没有发布的，参照市场价。

（8）其他相关资料。

第六节　投标报价编制

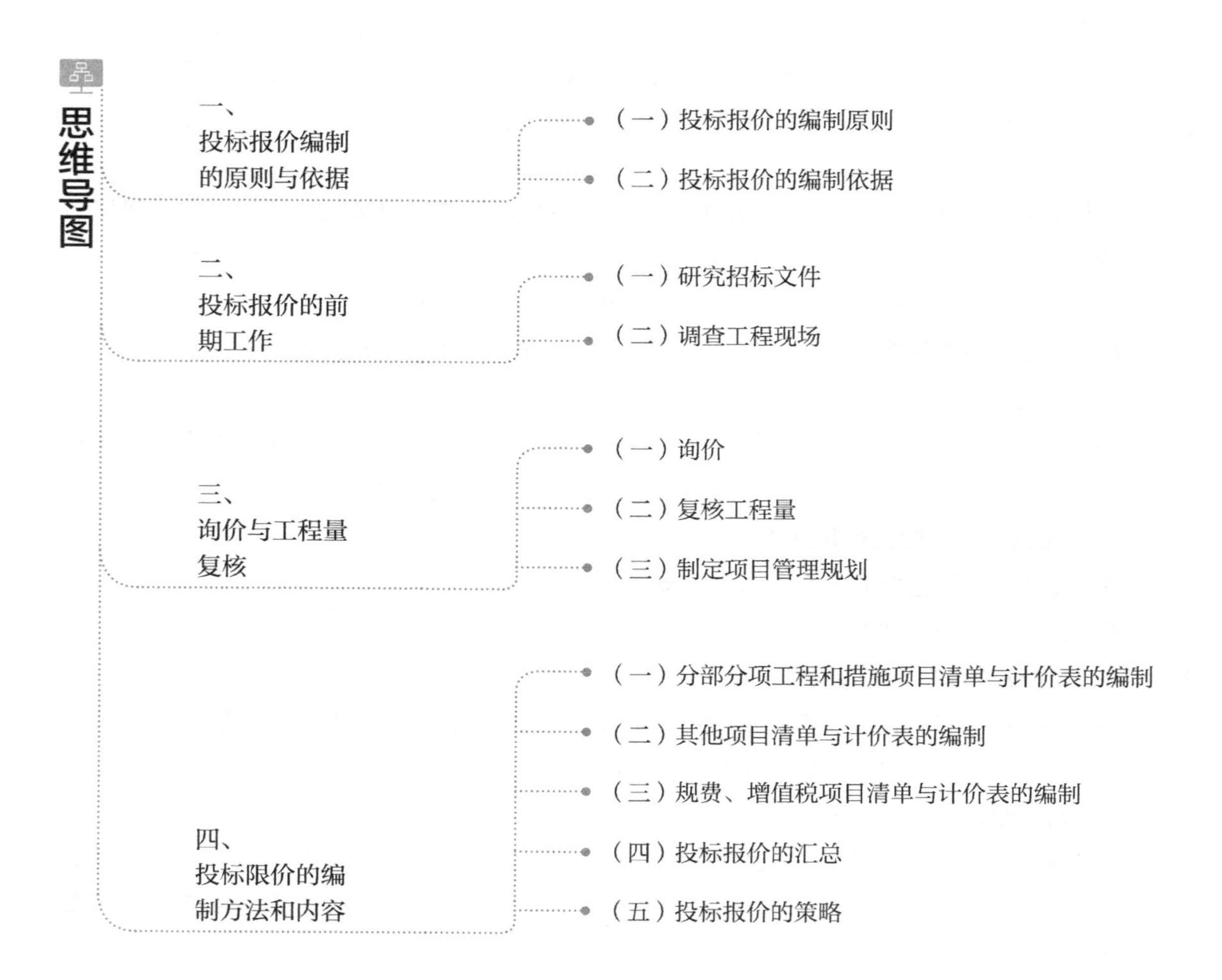

高频考点

一、投标报价编制的原则与依据

投标报价**不能高于最高投标限价，也不能低于工程成本价**。

（一）投标报价的编制原则

投标报价编制原则

- 1．报价由投标人自主确定，必须执行《建设工程工程量清单计价规范》GB 50500—2013和各专业工程工程量计算规范的强制性规定。
- 2．投标报价不得低于工程成本。
- 3．依据招标人介绍情况做出的判断和决策，由投标人自行负责。
- 4．投标报价费用计算必须考虑招标文件中设定的发承包双方责任划分因素。
- 5．以施工方案、技术措施等作为投标报价计算的基本条件。
- 6．投标报价中填写的工程量清单的项目编码、项目名称、项目特征、计量单位、工程数量必须与招标人招标文件中提供的一致。

（二）投标报价的编制依据（略）

二、投标报价的前期工作

（一）研究招标文件

（二）调查工程现场

投标人对一般区域调查重点注意以下几个方面：1．**自然条件调查**　2．**施工条件调查**　3．其他条件调查。

三、询价与工程量复核

（一）询价

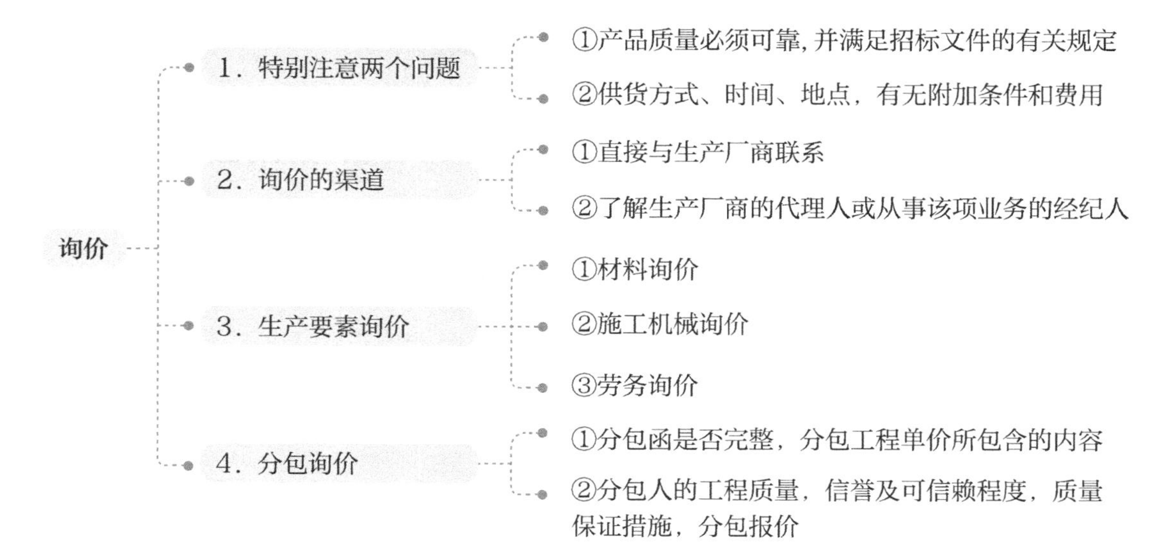

（二）复核工程量

投标人要与招标文件所给的工程量进行对比复核：

注意事项	（1）**计算主要清单工程量，复核工程量清单**
	（2）**即使有误，投标人也不能修改**清单中的工程量
	（3）清单中工程量的遗漏或错误，**是否向招标人提出修改意见取决于投标策略**
	（4）通过工程量计算复核准确地**确定订货及采购物资的数量**

（三）制定项目管理规划

分为**项目管理规划大纲和项目管理实施规划**。

四、投标报价的编制方法和内容

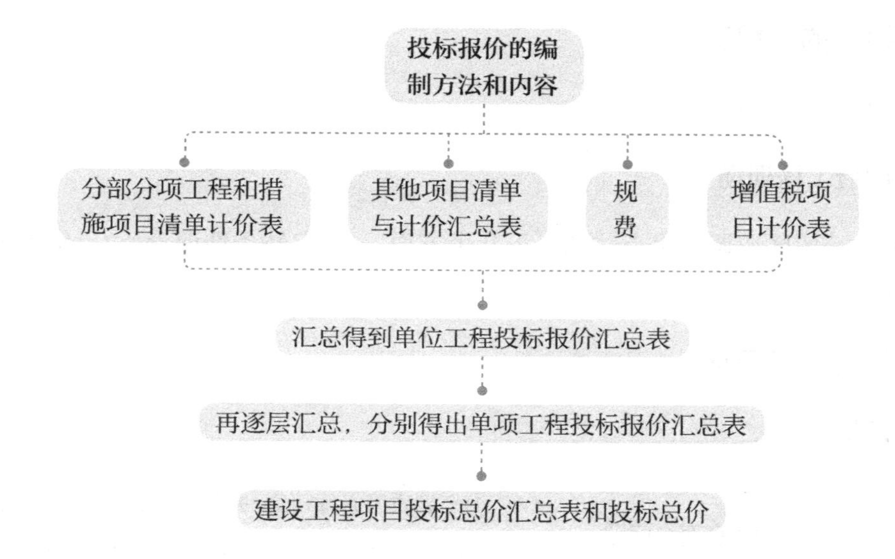

投标人按已提供的**工程量清单**填报价格。**项目编码、项目名称、项目特征、计量单位、工程数量必须与招标人**提供的一致。

（一）分部分项工程和措施项目清单与计价表的编制

1．单价措施项目清单与计价表的编制

综合单价=人工费+材料和工程设备费+施工机具使用费+管理费+利润（以及一定范围内的风险费用的分摊）

（1）确定综合单价时的注意事项

1）以项目特征描述为依据	清单与设计图纸描述不符时，以清单的**项目特征描述**为准，**确定**报价的**综合单价**。
	实施阶段，施工图纸或设计变更与招标清单项目特征描述**不一致**时应按**实际施工**的项目特征，依据合同约定重新**确定综合单价**。
2）材料、工程设备暂估价的处理	招标文件的其他项目清单中提供了暂估单价的材料和工程设备，应按其暂估的单价**计入清单项目的综合单价**。
3）考虑合理的风险	①主要由**市场价格波动**导致的价格风险，发承包双方应当在招标文件中或在合同中对此类风险的范围和幅度予以**明确约定**，进行合理分摊。
	②**法律、法规、规章或有关政策**出台政策性调整，及由政府定价或政府指导价调整，承包人**不应承担此类风险**，应按照有关调整规定执行。
	③对于承包人根据自身**技术水平、管理、经营状况**能够自主控制的风险，如承包人的管理费、利润的风险，承包人**应结合市场**情况，根据企业自身的实际合理确定、自主报价，该部分风险**由承包人全部承担**。

（2）综合单价确定的步骤和方法

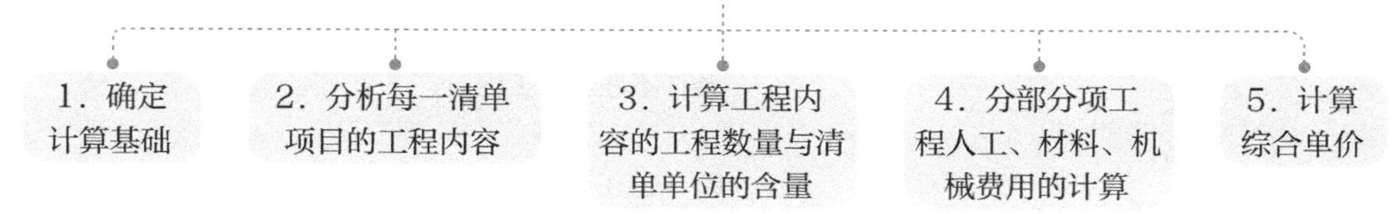

（3）编制分部分项工程与单价措施项目清单与计价表

（4）编制工程量清单综合单价分析表

2. 总价措施项目清单与计价表的编制

对于**不能精确计量**的措施项目，应编制**总价措施项目清单与计价表**。应遵循以下原则：

（1）内容依据**招标人提供的措施项目清单**和投标人拟定的**施工组织设计或施工方案**确定。

（2）措施项目费由**投标人自主**确定，但**安全文明施工费不得作为竞争性费用**。

（二）其他项目清单与计价表的编制

其他项目费由暂列金额、暂估价、计日工与总承包服务费组成。

（1）**暂列金额**应按清单中列出的金额填写，**不得变动**。	
（2）**暂估价不得变动和更改**	招标文件暂估单价表中列出的材料、工程设备**必须按招标人**提供的暂估单价计入清单项的综合单价。
	专业工程暂估价**必须按照招标人**提供的其他项目清单中列出的金额填写。
（3）**计日工**：投标人**自主确定**各项综合单价并计算费用。	
（4）**总承包服务费：投标人自主确定**。	

（三）规费、增值税项目清单与计价表的编制

规费和增值税不得作为竞争性费用。

（四）投标报价的汇总

不能进行投标总价优惠（或降价、让利），投标人对投标报价的任何优惠（或降价、让利）均应反映在相应清单项目的综合单价中。

（五）投标报价的策略

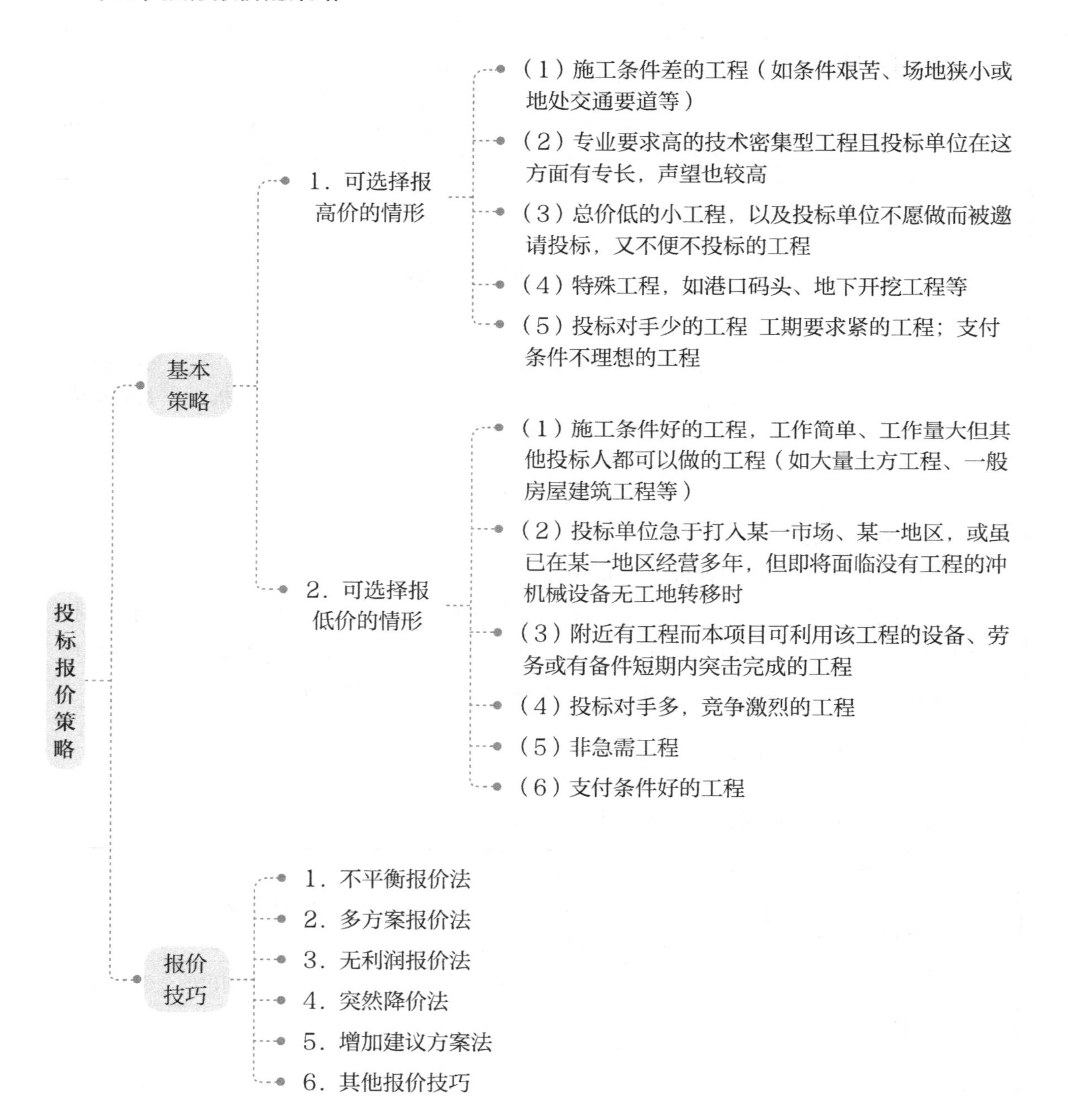

强化练习

1 投标人为使报价具有竞争力，下列有关生产要素询价的做法中，正确的是（　）。

A．在投标报价之后进行询价　　B．尽量向咨询公司进行询价

C．不论何时何地尽量使用自有机械　　D．劳务市场招募零散工有利于管理

【答案】B

【解析】询价应在投标报价之前进行。在外地施工需用的机械设备，有时在当地租赁或采购可能更为有利。采用劳务市场招募零散劳动力的方式进行劳务询价，虽然劳务价格低廉，但有时素质达不到要求或工效降低，且承包商的管理工作较繁重。通过咨询公司所得到的询价资料比较可靠，但需要支付一定的咨询费用。

2 投标人在投标前期研究招标文件时，对合同形式进行分析的主要内容为（　）。

A．承包商任务　　B．计价方式　　C．付款办法　　D．合同价款调整

【答案】B

【解析】本题考查的是投标报价编制，合同形式分析。主要分析承包方式（如分项承包、施工承包、设计与施工总承包和管理承包等），计价方式（如单价方式、总价方式、成本加酬金方式等）。

3 施工投标报价的主要工作有：①复核工程量，②研究招标文件，③确定基础标价，④编制投标文件，其正确的工作流程是（　）。

A．①②③④　　B．②③①④　　C．①②④③　　D．②①③④

【答案】D

【解析】本题考查的是投标报价编制。施工投标报价的工作流程是：研究招标文件→复核工程量→确定基础标价→编制投标文件。

4 投标人在投标报价时，应优先被采用为综合单价编制依据的是（　）。

A．企业定额　　B．地区定额　　C．行业定额　　D．国家定额

【答案】A

【解析】本题考查的是投标报价编制。投标人在投标报价时，应优先被采用为综合单价编制依据的是企业定额。

5 指在不影响工程总报价的前提下，通过调整内部各个项目的报价，以达到既不提高总报价、不影响中标，又能在结算时得到更理想的经济效益的报价方法是（　）。

A．不平衡报价法　　B．多方案报价法　　C．突然降价法　　D．无利润报价法

【答案】A

【解析】本题考查的是投标报价编制。不平衡报价法是在不影响总报价的前提下，通过调整内部各个项目的报价，以达到既不提高总报价、不影响中标，又能在结算时得到更理想的经济效益的报价方法。

6 研究招标文件应做的工作包括（　　）。

A．研究工程量清单和技术规范　　B．熟悉并详细研究设计图样

C．研究合同主要条款　　D．调查投标环境

E．熟悉投标单位须知

【答案】ABCE

【解析】投标人取得招标文件后，为保证工程量清单报价的合理性，应对投标人须知、合同条件、技术规范、图纸和工程量清单等重点内容进行分析，以满足《招标投标法》中能够最大限度地满足招标文件中规定的各项综合评价标准或能够满足招标文件的实质性要求的规定。

7 材料询价的内容包括（　　）。

A．材料价格　　B．供应数量

C．运输方式　　D．保险和有效期

E．种类和销量

【答案】ABCD

【解析】材料询价的内容包括调查对比材料价格、供应数量、运输方式、保险和有效期、不同买卖条件下的支付方式等。

8 关于施工投标报价中下列说法中正确的有（　　）。

A．投标人应逐项计算工程量，复核工程量清单

B．投标人应修改错误的工程量，并通知招标人

C．投标人可以不向招标人提出复核工程量中发现的遗漏

D．投标人可以通过复核防止由于订货超量带来的浪费

E．投标人应根据复核工程量的结果选择适用的施工设备

【答案】CDE

【解析】本题考查的是投标报价编制。投标人无须逐项计算工程量，计算主要清单工程量即可。投标人不能修改错误的工程量清单。

第七章

工程施工和竣工阶段造价管理

思维导图

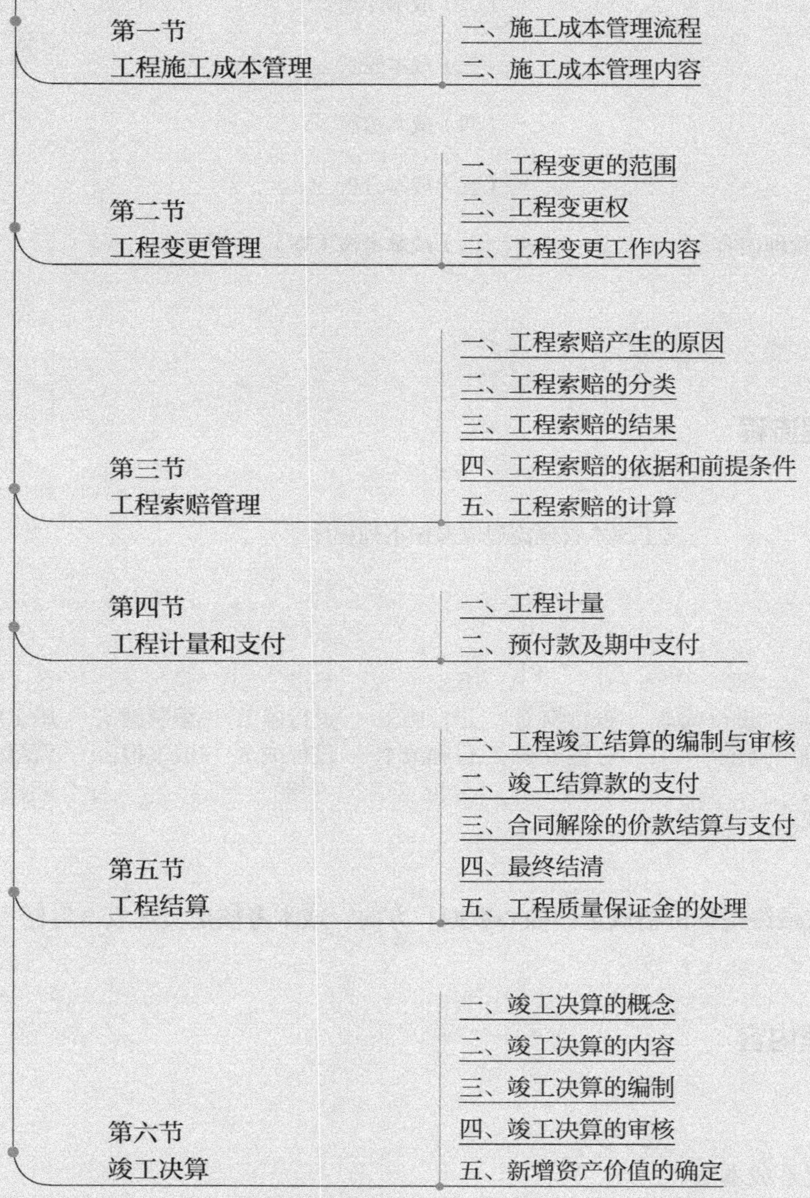

- 第一节 工程施工成本管理
  - 一、施工成本管理流程
  - 二、施工成本管理内容
- 第二节 工程变更管理
  - 一、工程变更的范围
  - 二、工程变更权
  - 三、工程变更工作内容
- 第三节 工程索赔管理
  - 一、工程索赔产生的原因
  - 二、工程索赔的分类
  - 三、工程索赔的结果
  - 四、工程索赔的依据和前提条件
  - 五、工程索赔的计算
- 第四节 工程计量和支付
  - 一、工程计量
  - 二、预付款及期中支付
- 第五节 工程结算
  - 一、工程竣工结算的编制与审核
  - 二、竣工结算款的支付
  - 三、合同解除的价款结算与支付
  - 四、最终结清
  - 五、工程质量保证金的处理
- 第六节 竣工决算
  - 一、竣工决算的概念
  - 二、竣工决算的内容
  - 三、竣工决算的编制
  - 四、竣工决算的审核
  - 五、新增资产价值的确定

第一节　工程施工成本管理

思维导图

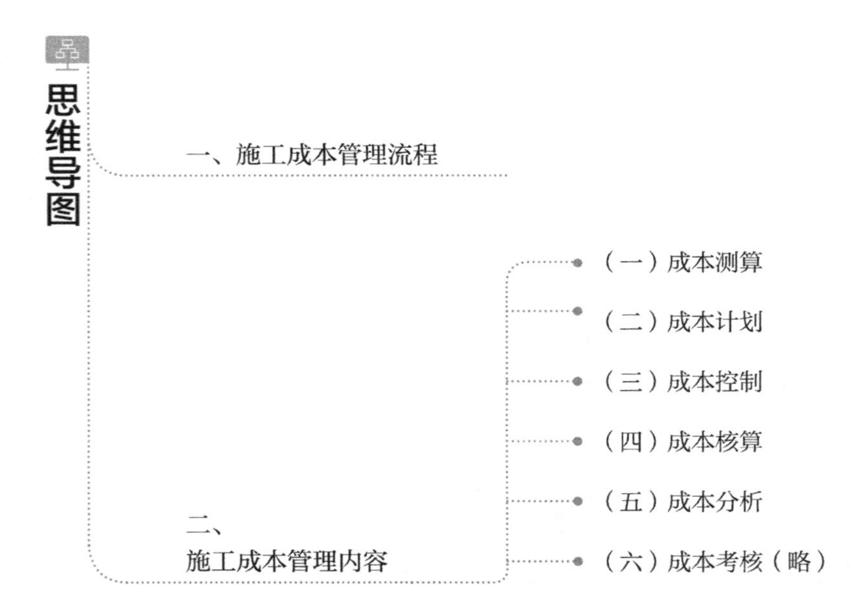

高频考点

一、施工成本管理流程

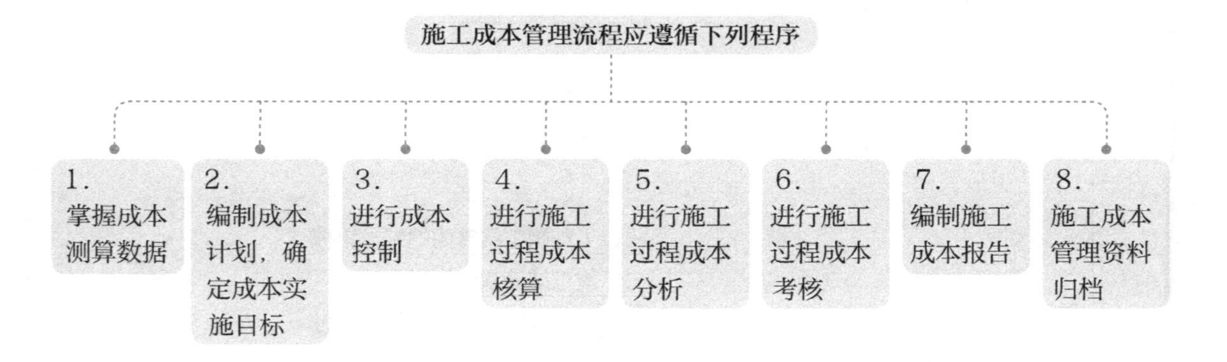

成本测算是决定最终投标价格取定的**核心数据**。方向：**成本考核**是实现成本目标责任制的保证和手段。

二、施工成本管理内容

（一）成本测算

常用测算方法就是**成本法**。

（二）成本计划

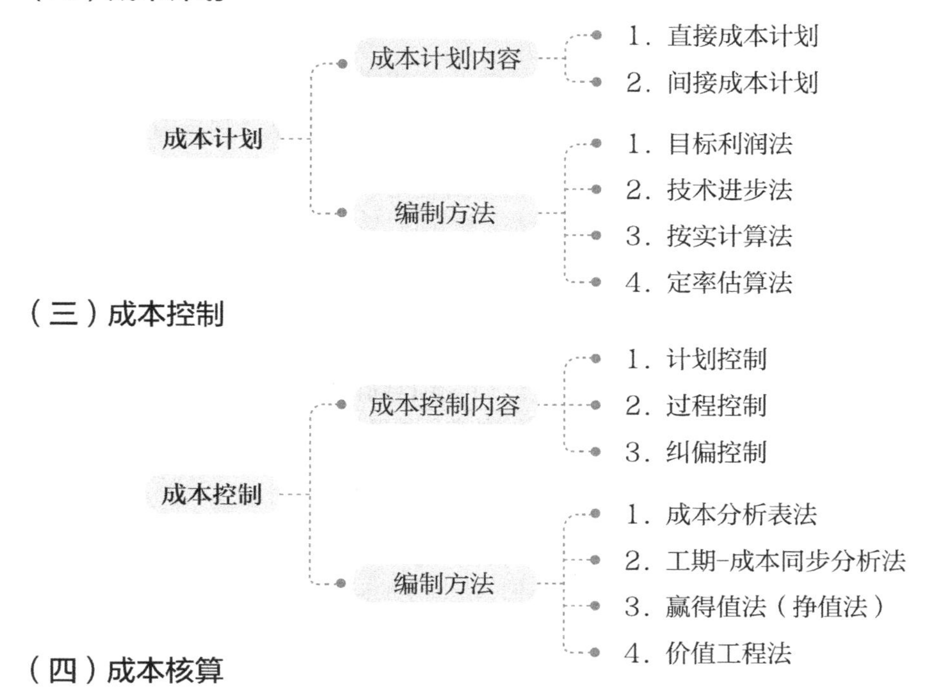

（三）成本控制

（四）成本核算

1．成本核算对象和范围

成本核算对象：项目经理**授权范围**的**可控责任成本，**核算范围：是以**项目经理责任成本目标**。

2．成本核算方法

表格核算法	**专业性要求不高；覆盖范围较窄**，有可能造成数据失实，精度较差
会计核算法	**有核算严密、逻辑性强、人为调节的可能因素较小**、核算范围**较大**；对专业人员的专业水平要求较高

3．成本费用归集与分配

（1）人工费

一般采用实用工时（或定额工时）工资平均分摊价格进行计算。计算公式为：

$$\textbf{工资平均分摊价格}=\frac{\text{建筑安装工人工资总额}}{\text{各项目实用工时（或定额工时）总和}}$$

某项工程应分配的人工费=该项工程实用工时×工资平均分摊价格

（2）材料费

凡领料时能**点清数量、分清成本核算对象**的，应在有关领料凭证（如限额领料单）上注明成本核算对象名称，据以计入成本核算对象。

（3）施工机具使用费

按**自有机具和租赁机具**分别加以核算，计算公式如下：

$$\textbf{平均台班租赁费}=\frac{\text{支付的租赁费总额}}{\text{租入机具作业总台班数}}$$

计提折旧采用**平均年限法和工作量法**。技术进步较快或使用寿命受工作环境影响较大的，经国家财政主管部门批准，可采用**双倍余额递减法或年数总和法**计提折旧。

<table>
<tr><td rowspan="2">平均年限法</td><td colspan="3">也称使用年限法。按照固定资产的预计使用年限平均分摊固定资产折旧额的方法。折旧额在各个使用年（月）份都是相等的</td></tr>
<tr><td colspan="2">$\text{年折旧率}=\frac{\textbf{1-预计残值率}}{\textbf{折旧年限}}\times100\%$
净残值率按照固定资产原值的3%～5%确定</td><td>年折旧额=固定资产原值×年折旧率</td></tr>
<tr><td rowspan="2">工作量法</td><td>按行驶里程计算</td><td>$\text{单位里程折旧额}=\frac{\textbf{原值×（1-预计残值率）}}{\textbf{规定的总行驶里程}}$</td><td>年折旧额=年实际行驶里程×单位里程折旧额</td></tr>
<tr><td>按台班计算</td><td>$\text{每台班折旧额}=\frac{\textbf{原值×（1-预计残值率）}}{\textbf{规定的总工作台班}}$</td><td>年折旧额=年实际工作台班×每台班折旧额</td></tr>
<tr><td rowspan="2">双倍余额递减法</td><td colspan="3">按固定资产账面净值和固定的折旧率计算折旧的方法，加速折旧法。
折旧率是平均年限法的两倍，折旧率是固定的但计算基数逐年递减，折旧额逐年递减。
固定资产折旧年限到期前两年内，将固定资产账面净值扣除预计净残值后的净额平均摊销。</td></tr>
<tr><td colspan="2">$\text{年折旧率}=\frac{2}{\textbf{折旧年限}}\times100\%$</td><td>年折旧额=固定资产账面净值×年折旧率</td></tr>
</table>

（4）措施费。凡能分清受益对象的，应**直接计入受益成本核算**对象中。

（5）间接成本。凡能分清受益对象的间接成本，应直接计入**受益成本核算**对象中。

（五）成本分析

1. 成本分析的方法

成本分析的基本方法包括：比较法、因素分析法、差额计算法、比率法等。

类型	特点	内容
（1）比较法 （对比分析法）	通俗易懂、简单易行、便于掌握	形式有**绝对数对比、增减差额对比、相对数对比**
（2）因素分析法 （连环置换法）	首先，假定众多因素中只一**个因素**变化，**其他因素则不变**，在前一个因素变动的基础上分析第二个因素的变动，然后**逐个替换，分别比较其计算结果，以确定各个因素的变化对成本的影响程度**	**计算步骤如下：** ①**计算出一个总数；** ②**逐项**以各个因素的实际数**替换**计划数； ③替换后，实际数保留下来，**直到所有计划数都被替换成**实际数为止； ④每次替换后，都应**求出新的计算结果；** ⑤最后将每次替换所得结果，与相邻的前一个计算结果**比较**，其差额即为替换的那个因素**对总差异**的影响程度

续表

（3）差额计算法	是因素分析法的一种简化形式	利用各个因素的**目标值与实际值**的差额来计算其对成本的影响程度
（4）比率法	**常用的比率法有：** ①**相关比率法**。 ②**构成比率法**。 ③**动态比率法**	动态比率的计算有： **定基指数和环比指数**两种方法

2．成本分析的类别

（1）分部分项工程成本分析	是**施工项目成本分析的基础**。 对象是**主要的已完分部分项工程**。 分析的方法是：**“三算”（预算成本、目标成本和实际成本）对比**。此种方法可为今后的分部分项工程成本寻求节约途径
（2）月（季）度成本分析	**是中间成本分析**
（3）年度成本分析	依据**年度成本报表**
（4）竣工成本的综合分析	**包括：竣工成本分析；主要资源节超对比分析；主要技术节约措施及经济效果分析**

3．成本考核

成本考核	**内容**	**企业的项目成本考核**	包括对项目**施工成本目标（降低额）完成情况的考核和成本管理工作业绩的考核**
		项目经理部可控责任成本的考核	①项目成本目标和阶段成本目标完成情况； ②建立以项目经理为核心的成本管理责任制的落实情况； ③成本计划的编制和落实情况； ④对各部门、各施工队和班组责任成本的检查和考核情况； ⑤在成本管理中贯彻责权利相结合原则的执行情况
	指标	**企业的项**目成本考核指标	项目**施工成本降低额**=项目施工合同成本－项目实际施工成本 项目施工成本**降低率**（属于施工企业对项目成本考核）＝项目施工成本降低额/项目施工合同成本×100%
		项目经理部可控责任成本考核指标	**目标总成本**降低额＝责任目标总成本－项目竣工结算总成本 目标总成本降低率＝目标总成本降低额/责任目标总成本×100% **施工责任目标**成本实际降低额=施工责任目标总成本－工程竣工结算总成本 **施工责任目标**成本实际降低率＝施工责任目标成本实际降低额/施工责任目标总成本×100% **施工计划成本**实际降低额=施工计划总成本－工程竣工结算总成本 **施工计划成本**实际降低率=施工计划成本实际降低额/施工计划总成本×100%

（六）成本考核（略）

强化练习

1 **下列项目成本分析方法中，（　　）具有通俗易懂、简单易行、便于掌握的特点，因而得到了广泛的应用，但在应用时必须注意各技术经济指标的可比性。**

A. 比较法　　B. 因素分析法　　C. 差额计算法　　D. 比率法

【答案】A

【解析】1）比较法，又称指标对比分析法，是通过技术经济指标的对比检查目标的完成情况，分析产生差异的原因，进而挖掘内部潜力的方法。其特点是通俗易懂、简单易行、便于掌握。

2）因素分析法，又称连环置换法。这种方法可用来分析各种因素对成本影响程度。

3）差额计算法，是因素分析法的一种简化形式，它利用各个因素的目标值与实际值的差额来计算其成本。

4）比率法，比率法是指用两个以上的指标的比例进行分析的方法。其基本特点是，先把对比分析的数值变成相对数，再观察相互之间的关系。

2 **项目成本控制的主要环节不包括（　　）。**

A. 计划预控　　B. 费用控制　　C. 过程控制　　D. 纠偏控制

【答案】B

【解析】施工成本控制包括计划预控、过程控制和纠偏控制三个重要环节。

3 **项目成本计划的编制方法中，当项目非常庞大和复杂而需要分为几个部分时，可采用（　　）。**

A. 定率估算法　　B. 技术进步法　　C. 按实计算法　　D. 目标利润法

【答案】A

【解析】定率估算法（历史资料法），当工程项目非常庞大和复杂而需要分为几个部分时采用的方法。首先将工程项目分为若干子项目，参照同类工程项目的历史数据，采用算术平均法计算子项目目标成本降低率和降低额，然后再汇总整个工程项目的目标成本降低率、降低额。在确定子项目成本降低率时，可采用加权平均法或三点估算法。

4 **项目成本核算的方法中，表格核算法的特点包括（　　）。**

A. 易于操作　　B. 核算范围较大　　C. 适时性较好　　D. 逻辑性强

E. 覆盖范围较窄

【答案】ACE

【解析】项目成本核算的方法中的表格核算法的特点：其优点是比较简捷明了，直观易懂，易于操作，适时性较好。缺点是覆盖范围较窄，核算债权债务等比较困难；且较难实现科学严密的审核制度，有可能造成数据失实，精度较差。

第二节　工程变更管理

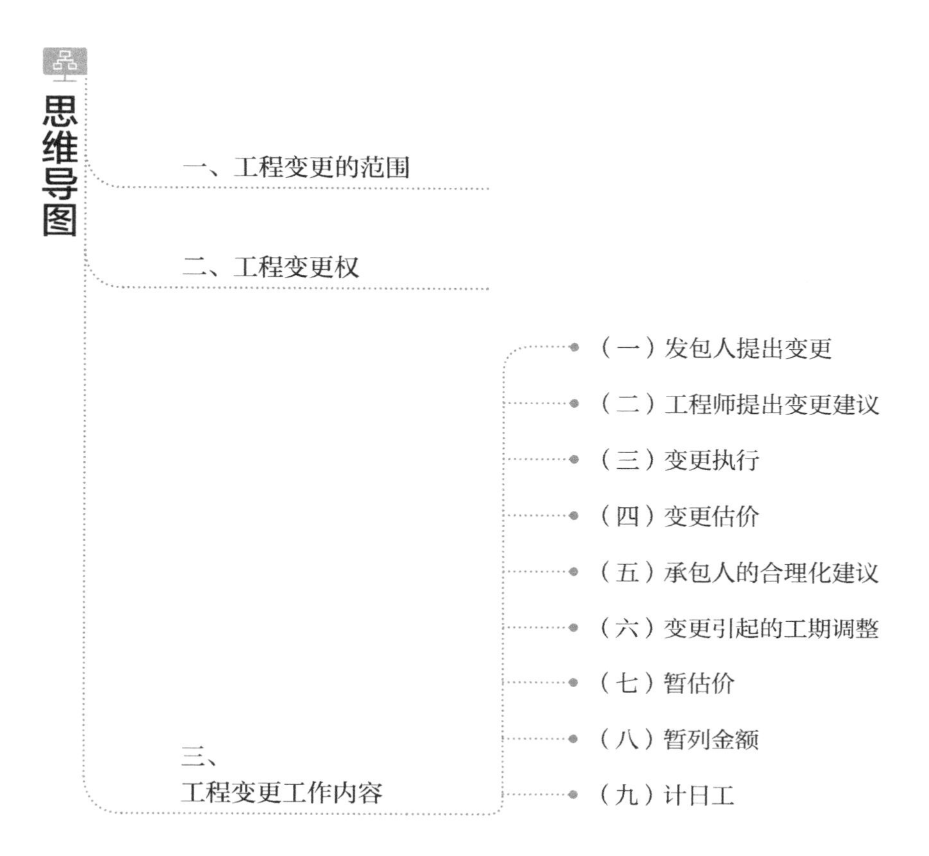

高频考点

一、工程变更的范围

包括以下五个方面：

（1）合同工作**增加或减少**，或**追加额外**的工作；

（2）**取消**合同中工作，但**转由他人实施的**工作除外；

（3）**改变**工作**质量标准或其他特性**；

（4）**改变**工程的**基线、标高、位置和尺寸**；

（5）改变工程的**时间安排或实施**顺序。

二、工程变更权

发包人和工程师（指监理人、咨询人等业主授权的第三方，下同）均可以提出变更。变更指示均通过工程师发出，工程师发出变更指示前**应征得发包人**同意。未经许可，**承包人不得擅自对工程的任何部分进行变更**。

涉及设计变更的，应由**设计人提供变更后的图纸和说明**。如**变更超过原设计标准或批准的**建设规模时，发包人**应及时办理规划、设计变更**等审批手续。

三、工程变更工作内容

<table>
<tr><td>（一）发包人提出变更</td><td colspan="2">发包人，应通过监理工程师向承包人发出变更指示，变更指示内容有计划变更的工程范围和变更的内容</td></tr>
<tr><td>（二）工程师提出变更建议</td><td colspan="2">监理工程师提出变更建议的，需要向发包人以书面形式提出变更计划，说明计划变更工程范围和变更的内容、理由，以及实施该变更对合同价格和工期的影响。发包人不同意变更的，工程师无权擅自发出变更指示</td></tr>
<tr><td>（三）变更执行</td><td colspan="2">承包人收到监理工程师下达的变更指示后，认为不能执行，应立即提出不能执行该变更指示的理由。承包人认为可以执行变更的，应当书面说明实施该变更指示对合同价格和工期的影响，且合同当事人应当按照合同变更估价条款约定确定变更估价</td></tr>
<tr><td rowspan="2">（四）变更估价</td><td>（1）变更估价原则</td><td>除专用合同条款另有约定外，变更估价按照下述约定处理：
1）已标价清单有相同项目的，按照相同项目单价认定；
2）已标价清单无相同项目，但有类似项目的，参照类似项目的单价认定；
3）变更导致工程量变化幅度超过15%的，或清单中无相同项目及类似项目单价的，按照合理的成本与利润构成的原则，按照合同约定方法确定变更工作的单价</td></tr>
<tr><td>（2）变更估价程序</td><td>承包人应在收到变更指示后约定期限内，向监理工程师提交变更估价申请。监理工程师应在收到承包人提交的变更估价申请后约定期限内审查完毕并报送发包人，监理工程师对变更估价申请有异议，通知承包人修改后重新提交。发包人应在承包人提交变更估价申请后约定期限内审批完毕。发包人逾期未完成审批或未提出异议的，视为认可承包人提交的变更估价申请</td></tr>
</table>

（五）承包人的合理化建议

承包人应向监理工程师**提交合理化建议说明**，说明建议的内容和理由，以及实施该建议对**合同价格和工期的**影响。

（六）变更引起的工期调整

变更引起工期变化的，合同双方均可要求调整合同工期，由合同当事人按照合同约定办法并参考工程所在地的工期定额标准确定增减工期天数。

（七）暂估价

暂估价专业分包工程、服务、材料和工程设备的明细由合同当事人在专用合同条款中约定。

（八）暂列金额

暂列金额应**按照发包人的要求使用，发包人的要求应通过监理工程师发出**。

（九）计日工

采用计日工计价的任何一项工作，**承包人每天提交以下报表和有关凭证**报送监理工程师审查：

（1）**工作名称、内容和数量**。

（2）所有**人员的姓名、专业、工种、级别和耗用工时**。

（3）**材料类别和数量**。

（4）**施工设备型号、台数和耗用台时**。

（5）**其他有关资料和凭证**。

计日工由承包人汇总后，列入最近一期进度付款申请单，由监理工程师审查并经发包人批准后列入进度付款。

强化练习

1 **根据《建设工程工程量清单计价规范》GB 50500—2013，对于任一招标工程量清单项目，如果因业主方变更的原因导致工程量偏差，则调整原则为（　　）。**

A．当工程量增加超过15%以上时，其增加部分的工程量单价应予调低

B．当工程量增加超过15%以上时，其增加部分的工程量单价应予调高

C．当工程量减少超过15%以上时，其相应部分的措施费应予调低

D．当工程量增加超过15%以上时，其相应部分的措施费应予调高

【答案】A

【解析】对于任一招标工程量清单项目，如果因本条规定的工程量偏差和工程变更等原因导致工程量偏差超过15%，调整的原则为：当工程量增加15%以上时，其增加部分的

工程量的综合单价应予调低，当工程量减少15%以上时，减少后剩余部分的工程量的综合单价应予调高。

2 **某建设工程由于业主临时设计变更导致停工，承包商的工人窝工8个工日，窝工费为300元/工日；承包商租赁的挖土机窝工2个台班，挖土机租赁费为1000元/台班，动力费160元/台班，承包商自有的自卸汽车窝工2个台班，该汽车折旧费用400元/台班，动力费为200元/台班，则承包商可以向业主索赔的费用为（　）元。**

A．5200　　B．4800　　C．5400　　D．5800

【答案】A

【解析】可索赔的费用：人工费=300×8=2400元；租赁机械费=1000×2=2000元；自有机械费=400×2=800元；合计：2400+2000+800=5200元。

3 **FIDIC条件下，工程变更的范围包括（　）。**

A．删除某项工程，转由他人实施

B．任何部分标高、尺寸、位置变化

C．因施工需要，施工机械日常检修时间变更

D．工程质量改变

E．合同中的任何工程内容的数量改变

【答案】BDE

【解析】每项变更可包括：

（1）合同中包括的任何工程内容的数量的改变但此类改变不一定构成变更。

（2）任何工程内容的质量或其他特性的改变。

（3）工程任何部分的标高、位置和（或）尺寸的改变。

（4）任何工程的删减，但要交他人实施的工程除外。

（5）永久工程所需的任何附加工作、生产设备、材料或服务，包括任何有关的竣工检验、钻孔和其他检验和勘探工作。

（6）实施工程的顺序或时间安排的改变。

4 **根据《建设项目工程总承包合同示范文本》，下列属于施工变更的是（　）。**

A．对区域内标准标高的调整

B．对备品备件采购数量的增减

C．发包人对竣工试验合格的项目重新进行竣工试验

D．因发包人原因暂停工程超过45天，调减受影响的部分工程

【答案】C

【解析】本题考查工程总承包合同价款调整。施工变更的范围包括：

（1）因设计变更，造成施工方法改变、设备、材料、部件和工程量的增减。

（2）发包人要求增加的附加试验、改变试验地点。

（3）在发包人提供的项目基础资料和现场障碍资料之外，新增加的施工障碍处理。

（4）发包人对竣工试验经验收或视为验收合格的项目，通知重新进行竣工试验。

（5）因执行基准日期之后新颁布的法律、标准、规范引起的变更。

（6）上述变更所需的附加工作。

第三节 工程索赔管理

思维导图

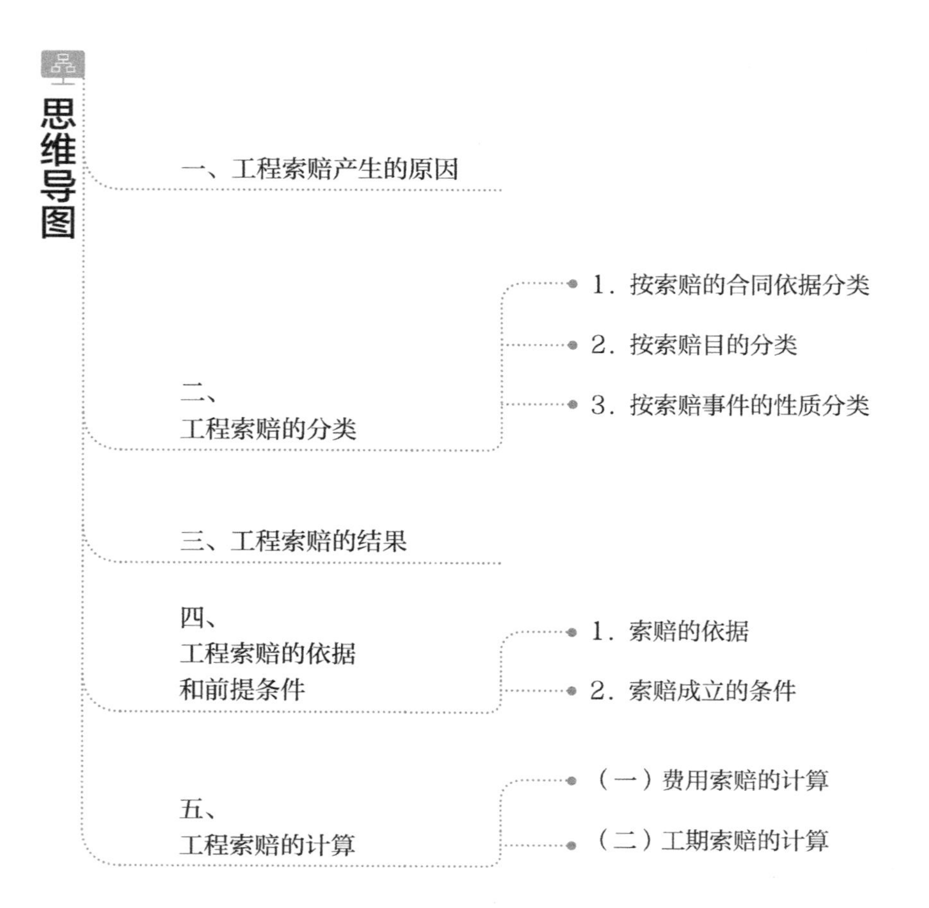

高频考点

一、工程索赔产生的原因

（1）业主方（包括发包人和工程师）违约	（2）合同缺陷	（3）工程环境的变化
（4）不可抗力或不利的物质条件	（5）合同变更	

二、工程索赔的分类

工程索赔按不同的划分标准，可分为不同类型。

1. 按索赔的合同依据分类	①合同中明示的索赔；②合同中默示的索赔
2. 按索赔目的分类	①工期索赔；②费用索赔
3. 按索赔事件的性质分类	①工期延误索赔；②合同被迫终止的索赔；③工期变更索赔；④赶工索赔；⑤意外风险和不可预见因素索赔；⑥其他索赔

三、工程索赔的结果

承包人的索赔事件及可补偿内容

序号	索赔事件	可补偿内容		
		工期	费用	利润
1	迟延提供图纸	√	√	√
2	施工中发现文物、古迹	√	√	
3	迟延提供施工场地	√	√	√
4	施工中遇到不利物质条件	√	√	
5	提前向承包人提供材料、工程设备		√	
6	发包人提供材料、工程设备不合格或迟延提供或变更交货地点	√	√	√
7	承包人依据发包人提供的错误资料导致测量放线错误	√	√	√
8	因发包人原因造成承包人人员工伤事故		√	
9	因发包人原因造成工期延误	√	√	√
10	异常恶劣的气候条件导致工期延误	√		
11	承包人提前竣工		√	
12	发包人暂停施工造成工期延误	√	√	√
13	工程暂停后因发包人原因无法按时复工	√	√	√
14	因发包人原因导致承包人工程返工	√	√	√
15	监理人对已经覆盖的隐蔽工程要求重新检查且检查结果合格	√	√	√
16	因发包人提供的材料、工程设备造成工程不合格	√	√	√
17	承包人应监理人要求对材料、工程设备和工程重新检验且检验结果合格	√	√	√
18	基准日后法律的变化		√	
19	发包人在工程竣工前提前占用工程	√	√	√
20	因发包人的原因导致工程试运行失败		√	√
21	工程移交后因发包人原因出现新的缺陷或损坏的修复		√	√
22	工程移交后因发包人原因出现的缺陷修复后的试验和试运行		√	
23	因不可抗力停工期间应监理人要求照管、清理、修复工程		√	
24	因不可抗力造成工期延误	√		
25	因发包人违约导致承包人暂停施工	√	√	√

四、工程索赔的依据和前提条件

1．索赔的依据

（1）工程**施工合同文件**	（2）**国家法律、法规**
（3）国家、部门和地方**有关的标准、规范和定额**	
（4）合同履行过程中与索赔事件有关的**各种凭证**	

2．索赔成立的条件

承包人工程索赔成立的基本条件

- 1．索赔事件已造成了承包人直接经济损失或工期延误
- 2．造成费用增加或工期延误的索赔事件是非因承包人的原因发生的
- 3．承包人已经按照工程施工合同规定的期限和程序提交了索赔意向通知、索赔报告及相关证明材料

五、工程索赔的计算

（一）费用索赔的计算

1．索赔费用的组成

索赔费用的要素有：

人工费	包括：**额外工作、加班加点、法定人工费增长、非承包人原因导致的工效降低、非承包商原因窝工和工资上涨费**。在计算**停工损失中人工费时**，通常采取**人工单价乘以折算系数**计算
材料费	**包括运输费，仓储费，以及合理的损耗费用**但承包商管理不善导致的材料损坏失效，不列入索赔款项内
施工机具使用费	包括：完成**合同之外的工作**增加的机具使用费，**非因承包人**原因导致工效降低**增加的机具使用费**，发包人或工程师**指令错误或迟延导致机械停工的台班停滞费**
现场管理费	包括承包人完成**合同之外的额外工作以及由于发包人**原因导致工期延期期间的**现场管理费**，包括**管理人员工资、办公费、通信费、交通费**等
总部管理费	指的是由于发包人原因导致工程延期期间所增加的承包人向公司总部提交的管理费，包括**总部职工工资、办公大楼折旧、办公用品、财务管理、通信设施以及总部领导人员赴工地检查指导工作**等开支
保险费	**发包人**原因导致工程延期，承包人必须办理工程保险、施工人员意外伤害保险的延期手续，而增加的费用
保函手续费	**发包人**原因导致工程延期时，保函手续费相应增加

续表

利息	（1）发包人**拖延支付工程款利息**；（2）发包人迟延退还**工程质量保证金的利息**；（3）承包人垫资施工的**垫资利息**；（4）发包人**错误扣款的利息**等
利润	发包人原因导致的索赔，承包人**都可以列入利润**。另外，对于**因发包人原因暂停施工导致的工期延误**，承包人**也有权要求发包人支付合理的利润**
分包费用	分包人的索赔费用。分包向总包索赔，索赔款应列入总承包人对发包人的索赔款项中

2．费用索赔的计算方法

计算应**以赔偿实际损失**为原则，最容易被发承包接受的是**实际费用法**。

针对**市场价格波动**引起的费用索赔，常见的有两种计算方式：

第1种方式：采用**价格指数**进行计算。

第2种方式：采用**造价信息**进行价格调整。

（二）工期索赔的计算

1．工期索赔中应当注意的问题

（1）划清施工进度拖延的责任。

（2）被延误的工作应是处于施工进度计划关键线路上的施工内容。

2．工期索赔的计算方法

（1）**直接法**；（2）**比例计算法**；（3）**网络图分析法**

强化练习

1 下列索赔费用中，不属于材料费的索赔的是（　　）。

A．由于索赔事件的发生造成材料实际用量超过计划用量而增加的材料费

B．由于发包人原因导致工程延期期间的材料价格上涨和超期储存费用

C．运输费，仓储费，以及合理的损耗费用

D．由于承包商管理不善，造成材料损坏失效

【答案】D

【解析】材料费的索赔包括：由于索赔事件的发生造成材料实际用量超过计划用量而增加的材料费，由于发包人原因导致工程延期期间的材料价格上涨和超期储存费用。材料费中应包括运输费、仓储费以及合理的损耗费用。如果由于承包商管理不善造成材料损坏、失效，则不能列入索赔款项内。

2 就施工索赔的目的而言，施工索赔包括（　　）。

A．物价上涨索赔和业主违约索赔　　B．工期索赔和费用索赔

C．拖延付款索赔和不可抗拒因素索赔　　D．特殊风险索赔和业主风险索赔

【答案】B

【解析】工程索赔按不同的划分标准，可分为不同类型。按索赔目的分类，工程索赔分为工期索赔和费用索赔。按索赔的合同依据分类，工程索赔可分为合同中明示的索赔和合同中默示的索赔。根据索赔事件的性质不同，可以将工程索赔分为：

（1）工程延误索赔。（2）工程变更索赔。（3）合同被迫终止的索赔。

（4）赶工索赔。（5）意外风险和不可预见因素索赔。（6）其他索赔。

3 某工程合同价格为5000万元，计划工期是200天，施工期间因非承包人原因导致工期延误10天，若同期该公司承揽的所有工程合同总价为2.5亿元，计划总部管理费为1250万元，则承包人可以索赔的总部管理费为（　）万元。

A．7.5　　B．10　　C．12.5　　D．15

【答案】C

【解析】该工程的总部管理费=1250×5000/25000=250万元，日平均总部管理费=250/200=1.25万元，索赔的总部管理费=1.25×10=12.5万元。

4 工程索赔中最关键和最主要的依据是（　）。

A．工程施工合同文件

B．国家、部门和地方有关的标准、规范和定额

C．工程施工合同履行过程中与索赔事件有关的各种凭证

D．国家法律、行政法规

【答案】A

【解析】工程施工合同是工程索赔中最关键和最主要的依据，工程施工期间，发承包双方关于工程的洽商、变更等书面协议或文件也是索赔的重要依据国家制定的相关法律、行政法规是工程索赔的法律依据。

5 关于工期索赔，下列说法不正确的是（　）。

A．因承包人的原因造成施工进度滞后，属于不可原谅的延期

B．只有发包人不应承担任何责任的延误，才是可原谅的延期

C．只有位于关键线路上工作内容的滞后，才会影响到竣工日期

D．只有可原谅延期部分才能批准顺延合同工期

【答案】B

【解析】因承包人的原因造成施工进度滞后，属于不可原谅的延期；只有承包人不应承担任何责任的延误，才是可原谅的延期。有时工程延期的原因中可能包含有双方责任，此时工程师应进行详细分析，分清责任比例，只有可原谅延期部分才能批准顺延合同工期。只有位于关键线路上工作内容的滞后，才会影响到竣工日期。

第四节　工程计量和支付

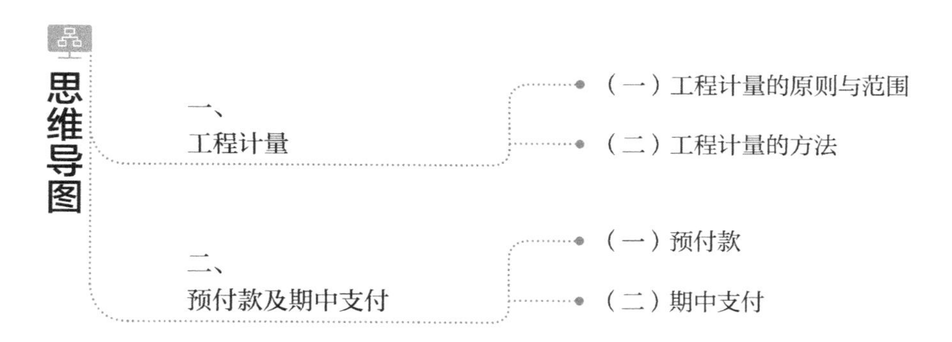

高频考点

一、工程计量

发包人支付工程价款的**前提工作是对承包人已经完成的合格工程进行计量并予以确认**。

（一）工程计量的原则与范围

1．工程计量的原则

（1）**不符合合同文件**要求的**不予计量**。

（2）**按合同文件**所规定的**方法、范围、内容和单位计量**。

（3）因**承包人**原因的**超出合同工程范围施工或返工的，发包人不予计量**。

2．工程计量的范围与依据

（1）工程计量的范围	工程量清单及工程变更所**修订的工程量清单**的内容
	合同文件中规定的**各种费用支付项目**，如费用索赔、各种预付款、价格调整、违约金等
（2）工程计量的依据	工程量清单及说明、合同图纸、工程变更令及其修订的工程量清单、合同条件、技术规范、有关计量的补充协议、质量合格证书等

（二）工程计量的方法

1. 单价合同计量	施工中工程计量时，若发现招标工程量清单中**出现缺项、工程量偏差**，或因**工程变更引起工程量的增减**，应按**承包人在履行合同义务中完成的工程量计算**
2. 总价合同计量	**除按照**工程**变更规定引起的工程量增减外，总价合同**各项目**的工程量是**承包人**用于结算的最终**工程量。总价合同约定的项目计量应以合同工程经审定批准的施工图纸为依据，发承包双方应在合同中约定工程计量的形象目标或时间节点进行计量

二、预付款及期中支付

（一）预付款

1．预付款的支付

（1）百分比法	预付款的比例原则上≥合同金额的10%，≤合同金额的30%
（2）公式计算法	**工程预付款数额**= $\dfrac{\text{工程总价}\times\text{材料比例（\%）}}{\text{年度施工天数}}$ ×材料储备定额天数
	其中，年度施工天数按365天日历天计算；材料储备定额天数由当地材料供应的在途天数、加工天数、整理天数、供应间隔天数、保险天数等因素决定

2．预付款的扣回

（1）按合同约定扣款	当工程进度款累计金额超过合同价格的10%～20%时开始起扣，每月从进度款中按一定比例扣回
（2）起扣点计算法	从未施工工程尚需的主要材料及构件的价值相当于工程预付款数额时起扣，此后每次结算工程价款时，按材料所占比重扣减工程价款，至工程竣工前全部扣清
	起扣点的计算公式：$T=P-\dfrac{M}{N}$ 式中　T——起扣点（即工程预付款开始扣回时）的累计完成工程金额； P——承包工程合同总额； M——工程预付款总额； N——主要材料及构件所占比重

3．预付款担保

预付款担保主要形式为**银行保函**，金额与发包人预付款**等值**。预付款**逐月从工程预付款中扣除**，预付款担保的担保金额也相应逐月减少。承包人**还清全部预付款后，发包人应退还预付款担保**，承包人将其退回银行注销，解除担保责任。

4．安全文明施工费

发包人应在工程开工后的约定期限内预付**不低于**当年施工进度计划的安全文明施工费总额**的60%**，其余部分按照提前安排的原则进行分解，**与进度款同期支付**。发包人在付款期满后的7**天内**仍未支付的，若发生安全事故，**发包人应承担连带**责任。

（二）期中支付

1．期中支付价款的计算

（1）已完工程的结算价款	如发生调整的，以发承包**双方确认调整的综合单价**计算进度款

续表

（2）结算价款的调整	承包人**现场签证和得到发包人**确认的索赔金额列入本周期**应增加的**金额中。由发包人提供的材料、工程设备金额应按照发包人签约提供的单价和数量从进度款支付中扣出，列入本周期应扣减的金额中
（3）进度款的支付比例	进度款的支付比例按照合同约定，按期中结算价款总额计**不低于**60%，**不高于**90%。承包人对于合同约定的进度款付款比例较低的工程应**充分考虑项目建设的资金流与融资成本**

2. 期中支付的程序

（1）进度款支付申请	支付申请的内容包括： 1）**累计已完成**的合同价款； 2）**累计已实际支付**的合同价款； 3）**本周期合计完成**的合同价款； 4）**本周期合计应扣减**的金额； 5）**本周期实际应支付**的合同价款
（2）进度款支付证书	发包人应在收到承包人进度款支付申请后，根据计量结果和合同约定**对申请内容予以核实**，确认后向承包人**出具进度款支付证书**。若发承包双方对有的清单项目的计量结果出现争议，发包人应对无争议部分的工程计量结果向承包人出具进度款支付证书

强化练习

1 已知某工程承包合同价款总额是3000万元，其主要材料及构件所占比重为60%，预付款总金额为工程价款总额的20%，则预付款起扣点是（　）万元。

A. 1000　　B. 1400　　C. 1500　　D. 2000

【答案】D

【解析】预付款起扣点=3000－（3000×20%）÷60%=2000万元

2 下列属于本周期合计应扣减的金额的是（　）。

A. 本周期已完成单价项目的金额　　B. 周期应支付的总价项目的金额

C. 本周期已完成的计日工价款　　D. 本周期应扣回的预付款

【答案】D

【解析】本周期合计应扣减的金额，其中包括：①本周期应扣回的预付款；②本周期应扣减的金额。

3 根据我国现行的关于工程预付款的相关规定，下列说法中正确的是（　）。

A. 当约定需提交预付款保函时则保函的担保金额必须大于预付款金额

B. 预付款是发包人为解决承包人在施工过程中的资金周转问题而提供的协助

C．预付款担保的担保金额通常与发包人的预付款是等值的

D．预付款担保的主要形式为现金

【答案】C

【解析】工程预付款是指由发包人按照合同约定，在正式开工前由发包人预先支付给承包人，用于购买工程施工所需的材料和组织施工机械和人员进场的价款。预付款担保的担保金额通常与发包人的预付款是等值的。预付款担保的主要形式为银行保函。根据《建设工程价款结算暂行办法》的规定，预付款的比例原则上不低于合同金额的10%，不高于合同金额的30%。

4 关于合同价款的期中支付，下列说法不正确的是（　）。

A．合同价款的期中支付是指发包人在合同工程施工过程中，按照合同约定对付款周期内承包人完成的合同价款给予支付的款项

B．合同价款的期中支付是工程进度款的预付

C．发承包双方应按照合同约定的时间、程序和方法，根据工程计量结果，办理期中价款结算，支付进度款

D．进度款支付周期应与合同约定的工程计量周期一致

【答案】B

【解析】合同价款的期中支付，是指发包人在合同工程施工过程中，按照合同约定对付款周期内承包人完成的合同价款给予支付的款项，也就是工程进度款的结算支付。发承包双方应按照合同约定的时间、程序和方法，根据工程计量结果，办理期中价款结算，支付进度款。进度款支付周期应与合同约定的工程计量周期一致。

5 工程预付款额度一般是根据（　）等因素经测算来确定的。

A．施工规模

B．施工工期

C．建筑安装工作量

D．主要材料和构件费用

E．材料储备周期

【答案】BCDE

【解析】对于工程预付款额度，各地区、各部门的规定不完全相同，主要是保证施工所需材料和构件的正常储备。工程预付款额度一般是根据施工工期、建筑安装工作量、主要材料和构件费用占建筑安装工程费的比例以及材料储备周期等因素经测算来确定。

第五节　工程结算

思维导图

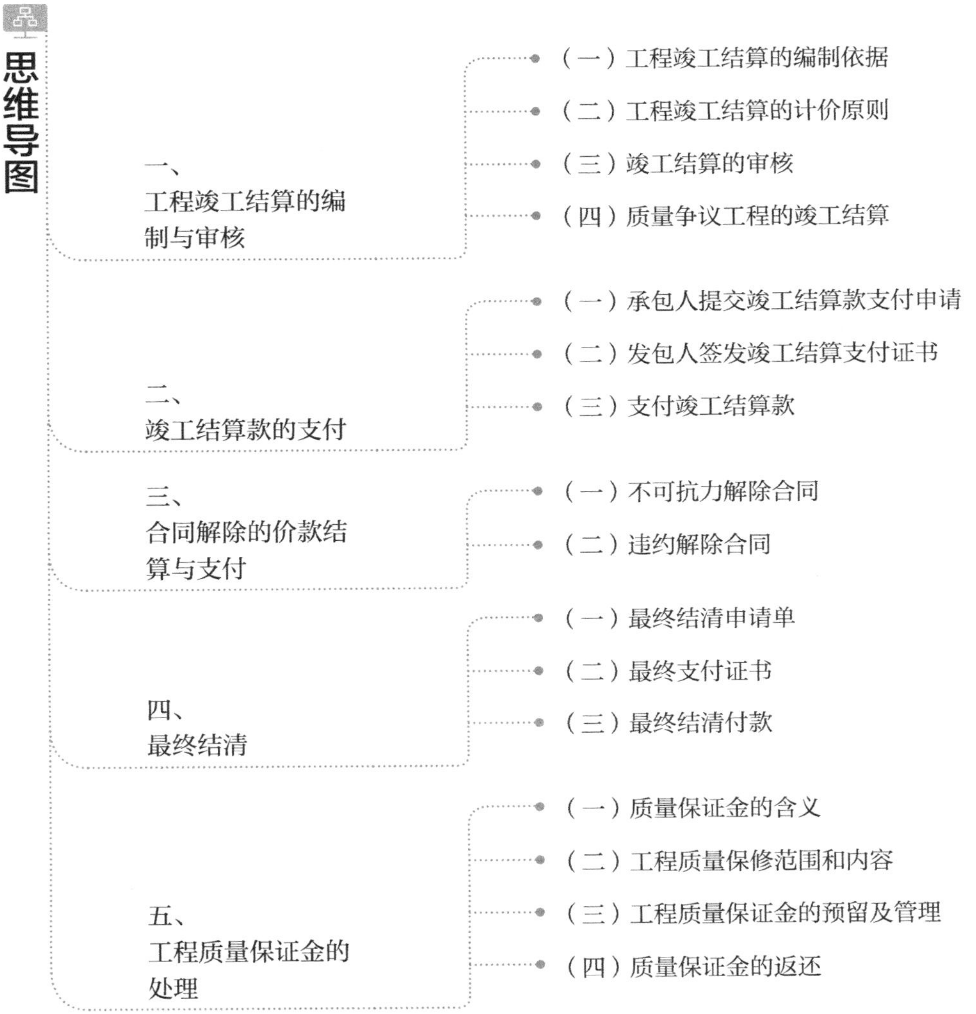

高频考点

一、工程竣工结算的编制与审核

主体	单位工程竣工结算	总包项目单位工程竣工结算	单项工程竣工结算	项目竣工总结算	政府投资项目
编制人	承包人编制	具体承包人编制	总（承）包人编制	总结算由总（承）包人编制	总结算由总（承）包人编制
审查人	发包人审查	总包人审查的基础上，发包人审查	发包人审查或委托咨询机构	发包人审查或委托咨询机构	由同级财政部门审查

单项工程竣工结算或建设项目竣工总结算经**发包人、承包人签字盖章**后有效。

（一）工程竣工结算的编制依据（略）

（二）工程竣工结算的计价原则

在采用工程量清单计价的方式下的计价原则：

分部分项工程和措施项目中的单价	措施项目中的总价项目	其他项目应按下列规定	规费和增值税
依据双方确认的工程量与已标价工程量清单的综合单价计算	依据合同约定的项目和金额计算；如发生调整的，以发承包**双方确认调整的金额**计算，其中**安全文明施工费必须按**照国家或省级、行业建设主管部门的**规定**计算	（1）**计日工：按实际签证确认**的计算； （2）**暂估价：**按计价规范的**相关规定**计算； （3）**总承包服务费：**如发生调整的，以**发承包双方确认**调整的金额计算； （4）施工索赔费用：依据发承包双方**确认的索赔事项和金额**计算； （5）现场签证费用：依据发承包**双方签证资料确认**的金额计算； （6）**暂列金额应减去工程价款调整**（包括**索赔、现场签证**）金额计算，如有**余额归发包人**	应**按照**国家或省级、行业建设主管部门的**规定**计算

（三）竣工结算的审核

1. **国有资金投资工程的发包人，委托工程造价咨询企业审核**，并在约定期限内向**承包人**提出审核意见；逾期未答复的，按约定处理；没有约定的，视为被认可。

2. **非国有资金投资工程的发包人，在约定期限内予以答复**。逾期未答复的，按约定处理；没有约定的，视为被认可。**有异议，向承包人提出，与承包人协商**。未协商或未达成协议，**委托造价咨询企业进行审核**，在约定期限内向**承包人**提出审核意见。

<table>
<tr><td rowspan="3">3. 造价咨询机构核对</td><td colspan="2">（1）在规定期限内核对完毕，不一致的，应提交给承包人复核</td></tr>
<tr><td colspan="2">（2）承包人应提交同意结论或不同意见的说明</td></tr>
<tr><td>（3）造价咨询机构收到承包人的异议后应再次复核</td><td>①复核无异议的，签字确认，竣工结算办理完毕；
②复核后仍有异议的，无异议部分办理不完全竣工结算；有异议部分发承包双方先协商，协商不成，按照争议解决方式处理；
③承包人逾期未提出书面异议的，视为认可</td></tr>
<tr><td>4. 接受委托的工程造价咨询机构从事竣工结算审核工作通常应包括下列三个阶段</td><td>（1）准备阶段</td><td>包括收集、整理竣工结算审核项目的审核依据资料，做好送审资料的交验、核实、签收工作，并应对资料的缺陷向委托方提出书面意见及要求</td></tr>
</table>

续表

4. 接受委托的工程造价咨询机构从事竣工结算审核工作通常应包括下列三个阶段	（2）**审核阶段**	包括现场踏勘核实，召开审核会议，澄清问题，提出补充依据性资料和必要的弥补性措施，形成会商纪要，进行计量、计价审核与确定工作，完成初步审核报告
	（3）**审定阶段**	应包括就竣工结算审核意见与承包人和发包人进行沟通，召开协调会议，处理分歧事项，形成竣工结算审核成果文件，签认竣工结算审定签署表，提交竣工结算审核报告等工作
5. 竣工结算审核的成果文件	应包括**竣工结算审核书封面、签署页、竣工结算审核报告、竣工结算审定签署表、竣工结算审核汇总对比表、单项工程竣工结算审核汇总对比表、单位工程竣工结算审核汇总对比表**等	
6. 竣工结算审核应采用全面审核法	除委托咨询合同另有约定外，**不得采用重点审核法、抽样审核法或类比审核法**等其他方法	

（四）质量争议工程的竣工结算

1. **已竣工验收**或已竣工未验收但**实际投入使用**的工程，质量异议按工程保修合同执行，竣工结算按合同约定办理	
2. 已竣工**未验收且未实际投入**使用的工程以及停工、停建工程的质量争议	**有争议**的部分：**委托有资质的检测鉴定机构进行检测**，根据检测结果确定解决方案，或按**质量监督机构的处理决定执行**后办理竣工结算
	无争议部分：合同约定办理

二、竣工结算款的支付

工程竣工结算文件经**发承包双方签字**确认的，应当作为工程结算的依据，**未经对方同意，另一方不得就已生效的竣工结算文件委托工程造价咨询企业重复审核。**

竣工结算文件应当由发包人报工程所在地县级以上地方人民政府住房城乡建设主管部门备案。

（一）承包人提交竣工结算款支付申请

承包人提交的**竣工结算款支付申请**应包括下列内容：

（1）竣工结算**合同价款总额**	（2）累计**已实际支付的合同价款**
（3）**应扣留的质量保证金**	（4）实际**应支付的竣工结算款**金额

（二）发包人签发竣工结算支付证书

发包人应在收到承包人提交竣工结算款支付申请后**7天内**予以核实，向承包人签发**竣工结算支付证书**。

（三）支付竣工结算款

（1）发包人签发竣工结算**支付证书后的规定时间**内，按照竣工结算支付证书列明的金额向承包人**支付结算款**。

（2）发包人在**规定时间不予核实**，不签发竣工结算支付证书的，**视为**支付申请已被发包人认可；发包人应在收到承包人提交的竣工结算款支付申请**规定时间内**，向承包人**支付结算款**。

（3）发包人未按规定支付竣工结算款的，承包人**可催告**，并有权获得**延迟支付的利息**。发包人在**竣工结算支付证书签发后或者在收到承包人提交的竣工结算款支付申请规定时间**内**仍未支付**的，除法律另有规定外，承包人可与发包人**协商将该工程折价**，也可直接向人民法院**申请**将该工程**依法拍卖**。承包人应就该工程折价或拍卖的价款**优先受偿**。

三、合同解除的价款结算与支付

（一）不可抗力解除合同

应**支付解除之日前**已完成工程但尚未支付的合同价款。

还应支付下列金额：

（1）约定**应由发包人承担的费用**

（2）已实施或部分实施的**措施项目应付价款**

（3）承包人合理订购且已交付的材料和工程设备货款

（4）承包人**撤离现场、员工遣送费和临时工程拆除、施工设备运离现场的费用**

（5）承包人为完成合同工程而**预期开支的任何合理费用，且该项费用未包括在本款其他各项支付之内**

当发包人应扣除的金额超过了应支付的金额，则承包人应在合同解除后的**约定期限内**将差额退还给发包人。

（二）违约解除合同

（1）承包人违约

承包人违约解除合同的，发包人**暂停支付**任何价款。

（2）发包人违约

发包人违约解除合同的，发包人**除**应按照有关不可抗力解除合同的规定向承包人支付各项价款**外**，应支付**违约金**以及给承包人造成损失或损害的**索赔金额**费用。协商不能达成一致的，按**合同争议**解决。

四、最终结清

指合同约定的**缺陷责任期**终止后，承包人**完成全部剩余工作且质量合格**的，发包人与承包人结清全部剩余款项的活动。

最终结清付款后，承包人享有的**索赔权利也自行终止**。

（一）最终结清申请单

缺陷责任期终止后，**承包人**向发包人提交**最终结清支付申请**。发包人**有异议**的，有权要求承包人进行修正和提供补充资料。承包人修正后，应**再次**向发包人**提交**修正后的**最终结清支付申请**。

（二）最终支付证书

发包人收到承包人提交的最终结清申请单后的**规定时间**内予以核实，向承包人签发**最终结清支付证书**。

（三）最终结清付款

1．发包人应在签发最终结清支付证书后的**规定时间**内，按照最终结清支付证书列明的金额向承包人**支付最终结清款**。

2．发包人未按期最终结清支付的，承包人**可催告**发包人支付，并有权获得**延迟支付的利息**。

3．最终结清时，承包人被**预留的质量保证金不足**以抵减发包人工程**缺陷修复费用**的，承包人**应**承担不足部分。

五、工程质量保证金的处理

（一）质量保证金的含义	（1）缺陷责任期一般为1年，**最长不超过**2年，由发承包双方在合同中约定。 （2）缺陷责任期从工程**通过竣工验收之日**起计算。由于**承包人**原因导致工程无法按规定期限进行竣工验收的，缺陷责任期从**实际通过竣工验收之日**起计算。 （3）由于**发包人**原因导致工程无法按规定期限竣工验收的，在承包人**提交竣工验收报告**90天后，工程自动进入缺陷责任期
（二）工程质量保修范围和内容	**保修范围**：地基基础工程、主体结构工程，屋面防水工程、有防水要求的卫生间、房间和外墙面的防渗漏，供热与供冷系统，电气管线、给水排水管道、设备安装和装修工程，以及双方约定的其他项目
（三）工程质量保证金的预留及管理	（1）发包人保证金总预留比例不得高于工程价款结算总额**的**3%。合同约定由承包人以银行保函替代预留保证金的，保函金额不得高于工程价款结算总额的3%。 （2）在工程项目竣工前，**已经缴纳履约保证金的**，发包人**不得同时预留工程质量保证金**。采用工程质量保证担保、工程质量保险等其他保证方式的，发包人不得再预留保证金
（四）质量保证金的返还	（1）缺陷责任期内，由**承包人**原因**造成的缺陷**，**承包人应负责维修**，**并承担**鉴定及维修**费用**。由他人原因造成的缺陷，发包人负责组织维修，承包人不承担费用，且发包人**不得从保证金中扣除费用**。 （2）缺陷责任期内，承包人认真履行合同约定的责任，到期后，承包人向发包人**申请返还保证金**

强化练习

1 **政府投资项目的竣工总结算由（　）审查。**

A．主管部门　　B．同级财政部门

C．所在地财政监察专员办事机构　　D．财政部

【答案】B

【解析】单位工程竣工结算由承包人编制，发包人审查；实行总承包的工程，由具体承包人编制，在总包人审查的基础上，发包人审查。单项工程竣工结算或建设项目竣工总结算由总（承）包人编制，发包人可直接进行审查，也可以委托具有相应资质的工程造价咨询机构进行审查。政府投资项目由同级财政部门审查。

2 **关于办理有质量争议工程的竣工结算，下列说法中错误的是（　）。**

A．已实际投入使用工程的质量争议按工程保修合同执行，竣工结算按合同约定办理

B．已竣工未投入使用的质量争议按工程保修合同执行，竣工结算按合同约定办理

C．停工停建工程的质量争议可在执行工程质量监督机构处理决定后办理竣工结算

D．已竣工未验收并且未实际投入使用，其无质量争议部分的工程，竣工结算按合同约定办理

【答案】B

【解析】发包人对工程质量有异议拒绝办理工程竣工结算时，应按以下规定执行：（1）已经竣工验收或已竣工未验收但实入使用的工程，其质量争议按该工程保修合同执行，竣工结算按合同约定办理。（2）已竣工未验收且未实际投入使用的工程以及停工、停建工程的质量争议，双方应就有争议的部分委托有资质的检测鉴定机构进行检测，根据检测结果确定解决方案，或按工程质量监督机构的处理决定执行后办理竣工结算，无争议部分的竣工结算按合同约定办理。

3 **承包人在合同内享有的索赔权利也自行终止是在（　）。**

A．最终结清付款后　　B．缺陷责任期终止后

C．最终结清申请单进行审核后　　D．签发最终支付证书后

【答案】A

【解析】发包人应在签发最终结清支付证书后的规定时间内，按照最终结清支付证书列明的金额向承包人支付最终结清款。最终结清付款后，承包人在合同内享有的索赔权利也自行终止。

4 **发包人发出赶工指令，若因承包人原因造成实际进度明显落后于发包人批准的项目进度计划时，以下说法正确的是（　）。**

A．承包人应采取措施，赶上项目进度计划，费用由双方协商支付

B．承包人应自费采取措施，赶上项目进度计划

C．竣工日期延误时，承包人无须承担误期赔偿

D. 竣工日期延误时，承包人可请求发包人顺延工期，发包人应予批准

【答案】B

【解析】因承包人原因造成实际进度明显落后于发包人批准的项目进度计划时，承包人应自费采取措施，赶上项目进度计划；竣工日期延误时，承包人承担误期赔偿。

5 根据《建设项目工程总承包合同示范文本》，以下情形中，属于应对合同价款进行调整的有（　）。

A. 合同变更

B. 法律法规变化影响的合同价格调减

C. 工程造价管理部门公布的价格调整造成工程成本增减

D. 一周内停水、停电等造成累计停工超过8小时

E. 发包人批准的变更估算的增减

【答案】BCE

【解析】本题考查合同价款调整的内容。合同价格调整包括以下情形：

（1）合同签订后，因法律、行政法规、国家政策和需遵守的行业规定，影响合同价格增减的。

（2）合同执行过程中，工程造价管理部门公布的价格调整，涉及承包人投入成本增减的。

（3）一周内非承包人原因的停水、停电、停气、道路中断等，造成工程现场停工累计超过8小时的（承包人须提交报告并提供可证实的证明和估算）。

（4）发包人批准的变更估算的增减。

（5）本合同约定的其他增减的款项调整，承包人递交一份详细的索赔报告的时限是42天内。

6 发包人对工程质量有异议，竣工结算仍应按合同约定办理的情形有（　）。

A. 工程已竣工验收的

B. 工程已竣工未验收，但实际投入使用的

C. 工程已竣未验收，且未实际投入使用的

D. 工程停建，对无质量争议的部分

E. 工程停建，对有质量争议的部分

【答案】ABD

【解析】已竣工未验收且未实际投入使用的工程以及停工、停建工程的质量争议，双方应就有争议的部分委托有资质的检测鉴定机构进行检测，根据检测结果确定解决方案，或按工程质量监督机构的处理决定执行后办理竣工结算，无争议部分的竣工结算按合同约定办理。

第六节　竣工决算

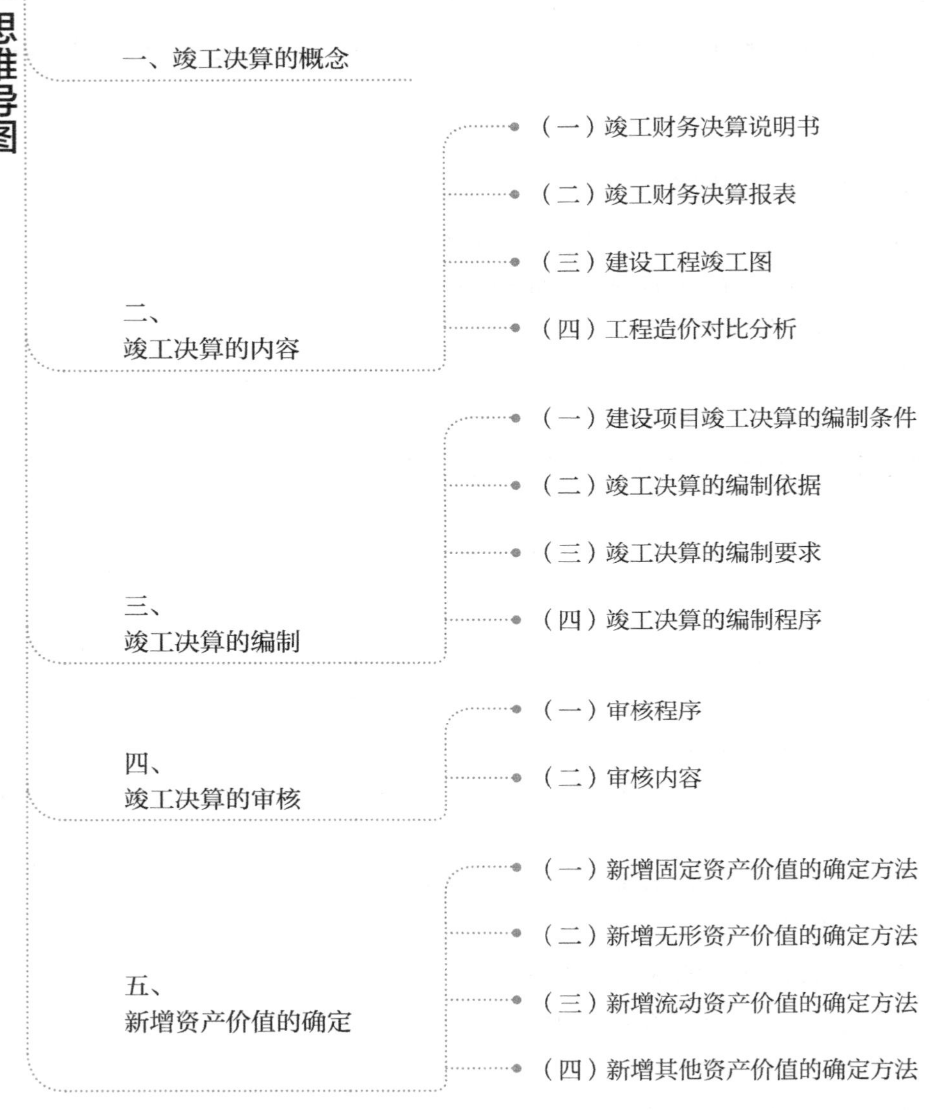

高频考点

一、竣工决算的概念

竣工决算是以**实物数量和货币指标**为计量单位，综合反映竣工项目从**筹建开始到项目竣工交付使用为止全部建设费用、建设成果和财务情况的总结性文件**。

竣工决算是正确核定**新增固定资产价值**，考核**分析投资效果**，建立健全**经济责任制**的依据，是反映建设项目**实际造价和投资效果**的文件。

二、竣工决算的内容

（一）竣工财务决算说明书

竣工财务决算说明书主要反映竣工工程**建设成果和经验**，是对竣工决算报表进行分析和补充说明的文件，是全面考核分析工程投资与造价的书面总结，是**竣工决算报告**的重要组成部分。

（二）竣工财务决算报表

组成部分	用途
基本建设项目概况表	反映基本建设项目的基本概况
基本建设项目竣工财务决算表	反映建设项目**全部资金来源和资金占用情况**，是考核和分析投资效果的依据
基本建设项目交付使用资产总表	反映建设项目建成后**新增固定资产、流动资产、无形资产和其他资产价值，是财产交接、检查投资计划完成情况和分析投资效果的依据**
交付使用资产明细表	反映交付使用的固定资产、流动资产、无形资产和其他资产及其价值的**明细情况，是办理资产交接和接收单位登记资产账目的依据，是使用单位建立资产明细账和登记新增资产价值的依据**

（三）建设工程竣工图

各项新建、扩建、改建的基本建设工程，特别是**基础**、**地下建筑**、**管线**、**结构**、**井巷**、**桥梁**、**隧道**、**港口**、**水坝以及设备安装**等隐蔽部位都要编制竣工图。为确保竣工图质量，必须在施工过程中（不能在竣工后）及时**做好隐蔽工程检查记录**，整理好设计变更文件

（四）工程造价对比分析

对控制工程造价所采取的措施、效果及其动态的变化需要进行认真地比较，总结经验教训。批准的概算是考核建设工程造价的依据。

考核主要实物工程量	**对于实物工程量出入比较大的情况，必须查明原因**
考核主要材料消耗量	考核主要材料消耗量，要按照竣工决算表中所列明的主要材料超概算的消耗量，**查明是在工程的哪个环节超出量最大，再进一步查明超耗的原因**
考核建设单位管理费、措施费和间接费的取费标准	建设单位管理费、措施费和间接费的取费标准要按照国家和各地的有关规定，根据竣工决算报表中所列的建设单位管理费与概预算所列的建设单位管理费额进行比较，**依据规定查明是否多列或少列的费用项目，确定其节约超支的数额，并查明原因**

三、竣工决算的编制

基本建设项目完工可投入使用或者试运行合格后，应当在**3个月**内编报竣工财务决算，特殊情况确需延长的，中小型项目**不得超过2个月**，**大型**项目**不得超过6个月**。

（一）建设项目竣工决算的编制条件

编制工程竣工决算应具备下列条件：

<table>
<tr><td>（1）经批准的初步设计所确定的工程内容已完成</td><td>（2）单项工程或建设项目竣工结算已完成</td></tr>
<tr><td>（3）收尾工程投资和预留费用不超过规定的比例</td><td>（4）涉及法律诉讼、工程质量纠纷的事项已处理完毕</td></tr>
<tr><td colspan="2">（5）项目建设单位应当完成各项账务处理及财产物资的盘点核实，做到账账、账证、账实、账表相符</td></tr>
<tr><td colspan="2">（6）其他影响工程竣工决算编制的重大问题已解决</td></tr>
</table>

（二）竣工决算的编制依据（略）

（三）竣工决算的编制要求

建设单位要做好以下工作：

（1）按照规定**组织竣工验收**，**保证**竣工决算的**及时性**。

（2）积累、整理竣工项目资料，**保证**竣工决算的**完整性**。

（3）清理、核对各项账目，**保证**竣工决算的**正确性**。

（四）竣工决算的编制程序

竣工决算的编制程序分为**前期准备、实施、完成和资料归档**四个阶段。

工作阶段	工作内容
（1）前期准备工作阶段	1）**了解**编制工程竣工决算建设项目的**基本情况**，**收集和整理**基本的编制**资料**。 2）**确定项目负责人**，**配置**相应的**编制人员**。 3）**制定**切实可行，符合建设项目情况的**编制计划**。 4）由项目负责人**对成员进行培训**
（2）实施阶段	1）**收集**完整的编制程序依据**资料**。 2）协助建设单位**做好**各项**清理工作**。 3）**编制**完成规范的**工作底稿**。 4）对过程中发现的**问题**应与建设单位进行**充分沟通**，达成一致意见。 5）与建设单位相关部门一起**做好**实际支出与批复概算的**对比分析**工作
（3）完成阶段	1）**完成**工程竣工决算**编制咨询报告**、基本建设项目**竣工决算报表及附表**、**竣工财务决算说明书**、**相关附件**等。 2）与建设单位**沟通工程竣工决算的所有事项**。 3）经工程造价咨询企业内部复核后，**出具**正式工程**竣工决算编制成果**文件
（4）资料归档阶段	1）工程竣工决算编制过程中形成的**工作底稿**应进行**分类整理**，与工程竣工决算编制成果文件一并**形成归档纸质**资料。 2）对工作底稿、编制数据、工程竣工决算报告进行电子化处理，**形成电子档案**

四、竣工决算的审核

审核报告内容应当翔实，主要包括：**审核说明、审核依据、审核结果、意见、建议**。

（1）建设**周期长**、建设**内容多**的大型项目，单项工程竣工财务决算可单独报批，单项工程**结余资金**在整个项目竣工财务决算中**一并处理**。

（2）**财政投资项目**应按照中央财政、地方财政的管理权限及其相应的管理办法**进行审批和备案**。

五、新增资产价值的确定

新增资产按资产性质可分为固定资产、流动资产、无形资产和其他资产四大类。

（一）新增固定资产价值的确定方法

1．新增固定资产价值的确定概念和范畴（对象：单项工程）

一次交付一次计算，分批交付，分批计算。

2．新增固定资产价值计算时应注意的问题

应计入新增固定资产价值的几种情况：

（1）对于附属辅助工程，**只要全部建成，正式验收交付使用后**。

（2）**对于单项工程中不构成生产系统**，但能独立发挥效益的**非生产性项目**，如住宅、食堂等，在建成并交付使用后，也要计算新增固定资产价值。

（3）凡购置达到固定资产标准**不需安装的设备、工器具，应在交付使用后**。

（4）属于新增固定资产价值的其他投资，应随同受益工程交付使用的同时一并计入。

（5）交付使用财产的成本，应按下列内容计算：

包括内容	计算方法
房屋、建筑物、管道、线路等固定资产	成本包括**建筑工程成果和待分摊的待摊投资**
动力设备和生产设备等固定资产	成本包括需要安装设备的采购成本、安装工程成本、设备基础、支柱等建筑工程成本或砌筑锅炉及各种特殊炉的建筑工程成本和应分摊的待摊投资
运输设备及其他不需要安装的设备、工具、器具、家具等固定资产	仅计算采购成本，不计分摊的“待摊投资”

3．共同费用的分摊方法

被分摊费用	方法
建设单位管理费	按建筑工程、安装工程、**需安装**设备价值总额等按比例分摊
土地征用费、地质勘察和建筑工程设计费	按**建筑工程**造价比例分摊
生产工艺流程系统设计费	按**安装工程**造价比例分摊

（二）新增无形资产价值的确定方法

无形资产分为**可辨认无形资产和不可辨认无形资产**。**可辨认无形资产**包括专利**专利权、专有技术、商标权、著作权、销售网络、客户关系、特许经营权、合同权益、域名等，不可辨认无形资产是指商誉**。

1. 无形资产的计价原则

包括内容	计价原则
投资者按无形资产作为资本金或者合作条件投入时	按评估确认或协议约定的金额计价
购入的	**按实际支付**的价款计价
自创并依法申请取得的	开发过程中的**实际**支出计价
接受捐赠的	发票账单金额或者同类无形资产市场价计价
入账后，应在其**有效使用期内分期摊销**，即企业为无形资产支出的费用应在**无形资产的有效期内得到及时补偿**	

2. 无形资产的计价方法

分类	计价方法
专利权	（1）**自创的**，为开发的**实际支出，包括研制和交易成本**。 （2）**转让不能按成本估价**，按所能带来的**超额收益**计价
专有技术的计价	（1）自创的，一般**不作为无形资产入账**，按当期费用处理。 （2）外购的，**法定评估机构确认后再进行估价，采用收益法估价**
商标权	（1）自创的，**一般不作为无形资产入账**，费用计入当期损益。 （2）购入或转让商标，计价根据被许可方新增的收益确定
土地使用权	（1）通过**支付出让金**获得的，**作为无形资产核算**。 （2）通过行政**划拨**取得的，**不能**作为无形资产核算。 （3）在将土地使用权有偿转让、出租、抵押、作价入股和投资，**按规定补交土地出让价款时，才作为无形资产核算**

（三）新增流动资产价值的确定方法

流动资产是指可以在一年内或者超过一年的一个营业周期内变现或者运用的资产，包**括现金及各种存款以及其他货币资金、短期投资、存货、应收及预付款项以及其他流动资产等**。

（1）货币性资金	货币性资金是指**现金**、**各种银行存款**及**其他货币资金**，其他货币资金是指除现金和银行存款以外的其他货币资金，根据**实际入账价值**核定
（2）应收及预付款项	应收及预付款项包括**应收票据、应收款项、其他应收款、预付货款和待摊费用**。一般情况下，应收及预付款项按企业销售商品、产品或提供劳务时的实际成交金额入账核算

续表

(3)短期投资包括股票、债券、基金	股票和债券根据是否可以上市流通分别采用**市场法和收益法**确定其价值
(4)存货	存货的形成主要有**外购和自制**两个途径。**外购的存货**按照买价**加运输费、装卸费**、保险费、途中合理损耗、入库前加工、整理及挑选费用以及缴纳的税金等计价，**自制**的存货按照制造过程中的**各项实际支出**计价

（四）新增其他资产价值的确定方法

其他资产是指不能全部计入当年损益，应当在以后年度分期摊销的各种费用，包括开办费、租入固定资产改良支出等。

1. 开办费

（1）建设期间建设单位**管理费中未计入固定资产**的其他各项费用，以及不计入固定资产和无形资产购建成本的汇兑损益、利息支出。

（2）开办费包括**筹建期人员工资、办公费、培训费、差旅费、印刷费、注册登记费**以及不计入固定资产和无形资产购建成本的汇兑损益和利息支出。

（3）按照新财务制度规定，除了筹建期间不计入资产价值的汇兑净损失外，开办费从企业开始生产**经营月份的次月起，按照不短于五年的期限平均摊入管理费用中**。

2. 租入固定资产改良支出的计价

（1）对租入固定资产的**大修理支出**，不构成固定资产价值，其会计处理与自有固定资产的大修理支出无区别。

（2）对租入固定资产**实施改良**，因有助于提高固定资产的效用和功能，**应当另外确认为一项资产**。租入的固定资产所有权**不属于企业，不应增加租入固定资产的价值而作为其他资产处理**。

（3）租入固定资产改良及大修理支出**应当在租赁期内分期平均摊销**。

强化练习

1 **下列不属于建设项目竣工财务决算说明书内容的是（　　）。**

A. 基本建设项目概况　　B. 基建结余资金等分配情况

C. 主要技术经济指标的分析、计算情况　　D. 主要实物工程量分析

【答案】D

【解析】竣工财务决算说明书主要反映竣工工程建设成果和经验，是对竣工决算报表进行分析和补充说明的文件，是全面考核分析工程投资与造价的书面总结，是竣工决算报告的重要组成部分，其内容主要包括：

（1）基本建设项目概况；

（2）会计账务的处理、财产物资清理及债权债务的清偿情况；

（3）基建结余资金等分配情况；

（4）主要技术经济指标的分析、计算情况；

（5）基本建设项目管理及决算中存在的问题、建议；

（6）决算与概算的差异和原因分析；

（7）需说明的其他事项。

2 完整的竣工决算所包含的内容是（　　）。

A．竣工财务决算说明书、竣工财务决算报表、工程竣工图、工程竣工造价对比分析

B．竣工财务决算报表、竣工决算、工程竣工图、工程竣工造价对比分析

C．竣工财务决算说明书、竣工决算、竣工验收报告、工程竣工造价对比分析

D．竣工财务决算报表、工程竣工图、工程竣工造价对比分析

【答案】A

【解析】竣工决算主要包括竣工决算报告说明书、竣工财务决算报表、工程竣工图和工程造价比较分析四部分，竣工财务决算说明书和竣工财务决算报表两部分又称为建设项目竣工财务决算，是其核心内容。

3 建设项目竣工财务决算应编制基本建设项目概况表，下列选项中应计入基本建设项目概况表“非经营性项目转出投资”的是（　　）。

A．水土保持、城市绿化费用　　B．产权不归属本单位的专用道路建设费

C．报废工程建设费　　D．产权归本单位的地下管道建设费

【答案】B

【解析】本题考查的是竣工财务决算表。非经营性项目转出投资支出是指非经营项目为项目配套的专用设施投资，包括专用道路、专用通信设施、送变电站、地下管道等，其产权不属于本单位的投资支出，对于产权归属本单位的，应计入交付使用资产价值。

4 编制建设项目竣工财务决算报表时，下列属于资金占用的项目是（　　）。

A．待冲基建支出　B．应付款　C．预付及应收款　D．未交款

【答案】C

【解析】建设项目竣工财务决算报表中的资金占用内容包括基本建设支出（交付使用资产、在建工程、待核销基建支出、非经营性项目转出投资）、应收生产单位投资借款、拨付所属投资借款、器材、货币资金、预付及应收款、有价证券和固定资产等。

5 下列有关竣工决算的编制工作叙述描述错误的是（　　）。

A．项目建设单位应在项目竣工后3个月内完成竣工决算的编制工作

B．对于按规定报财政部审批的项目，一般应在收到竣工决算报告后1个月内完成审核工作

C．国家确定的重点小型项目竣工财务决算的审批实行“先审核，后审批”的办法

D．按照规定竣工决算应在竣工项目办理验收交付手续后3个月内编好

【答案】D

【解析】根据《基本建设项目竣工财务决算管理暂行办法》(财建〔2016〕503号)的规定，基本建设项目完工可投入使用或者试运行合格后，应当在3个月内编报竣工财务决算，特殊情况确需延长的，中、小型项目不得超过2个月，大型项目不得超过6个月财政部门和项目主管部门对项目竣工财务决算实行先审核、后批复的办法。

6 关于无形资产价值确定的说法中，正确的有（　）。

A. 无形资产计价入账后，应在其有效使用期内分期摊销

B. 专利权转让价格必须按成本估价

C. 自创专利权的价值为开发过程中的实际支出

D. 自创的非专利技术一般作为无形资产入账

E. 通过行政划拨的土地，其土地使用权作为无形资产核算

【答案】AC

【解析】无形资产价值确定原则：企业自创并依法申请取得的，按开发过程中的实际支出计价；无形资产计价入账后，应在其有效试用期内分期摊销等。